国外油气勘探开发新进展丛书(六)

螺杆泵与井下螺杆钻具

[美] 利弗·尼力克 吉姆·布伦南 编

侯玉芳 等译

石油工业出版社

内 容 提 要

本书侧重于螺杆泵的实际应用，根据螺杆泵在使用中的需要，系统讲述了螺杆泵的基本原理、分类、设计参数、应用准则、安装实例和故障维修。

本书适合于螺杆泵的设计、使用人员，高校相关专业的师生使用。

图书在版编目（CIP）数据

螺杆泵与井下螺杆钻具/（美）利弗·尼力克，
（美）吉姆·布伦南编；侯玉芳等译.
北京：石油工业出版社，2009.3
（国外油气勘探开发新进展丛书.第6辑）
书名原文：Progressing Cavity Pumps, Downhole Pumps, and Mudmotors
ISBN 978-7-5021-6967-1

Ⅰ.螺…

Ⅱ.①尼…②布…③侯…

Ⅲ.①螺杆泵-机械采油②螺纹式钻杆

Ⅳ.TE355.5 TE921

中国版本图书馆CIP数据核字（2009）第001168号

Copyright © 2005 by Gulf Publishing Company, Houston, Texas. All rights reserved. No part of this publication may be reproduced or transmitted in any form without the prior written permission of the publisher.

本书经 Gulf Publishing Company 授权出版，

中文版权归石油工业出版社所有，侵权必究。

著作权合同登记号图字：01-2008-2829

出版发行：石油工业出版社
　　　　　（北京安定门外安华里2区1号　100011）
　　　网　　址：www.petropub.com.cn
　　　发行部：（010）64210392
经　　销：全国新华书店
排　　版：北京时代澄宇科技有限公司
印　　刷：中国石油报社印刷厂

2009年3月第1版　2009年3月第1次印刷
787×1092毫米　开本：1/16　印张：7
字数：174千字
定价：32.00元
（如出现印装质量问题，我社发行部负责调换）
版权所有，翻印必究

《国外油气勘探开发新进展丛书（六）》
编委会

主　　　任：赵政璋

副　主　任：杜金虎　张卫国

编　　　委（按姓氏笔画排序）：

　　　　　　马　纪　刘德来　孙明光

　　　　　　何顺利　张仲宏　周家尧

　　　　　　侯玉芳　顾岱鸿　章卫兵

序

为了及时学习国外油气勘探开发新理论、新技术和新工艺，推动中国石油上游业务技术进步，本着先进、实用、有效的原则，勘探与生产分公司和石油工业出版社组织多方力量，对国外著名出版社和知名学者最新出版的、代表最先进理论和技术水平的著作进行了引进，并翻译和出版。

从2001年起，在跟踪国外油气勘探、开发最新理论新技术发展和最新出版动态基础上，从生产需求出发，通过优中选优已经翻译出版了五期28本专著。在这套系列丛书中，有些代表了某一专业的最先进理论和技术水平，有些非常具有实用性，也是生产中所亟需。这些译著发行后，得到了企业和科研院校广大生产管理、科技人员的欢迎，并在实用中发挥了重要作用，达到了促进生产、更新知识、提高业务水平的目的。该套系列丛书也获得了我国出版界的认可。2002年丛书第2辑整体获得了中国出版工作者协会颁发的"引进版科技类优秀图书奖"，2006年丛书第4辑的《井喷与井控手册》再次获得了中国出版工作者协会的"引进版科技类优秀图书奖"，产生了很好的社会效益。

今年在前五期出版的基础上，经过多次调研、筛选，又推选出了国外最新出版的6本专著，即《螺杆泵与井下螺杆钻具》、《气井排水采气》、《钻井和修井作业实用公式与计算手册（第二版）》、《未来能源》、《油藏工程手册》、《层序地层学原理》，以飨读者。其中《油藏工程手册》、《层序地层学原理》以原版影印版的方式引进出版，以满足广大读者希望能够看到原汁原味的外文书的期望，这也顺应了国内石油行业广大员工外语水平普遍提高的趋势。

在本套丛书的引进、翻译和出版过程中，勘探与生产分公司和石油工业出版社组织了一批著名专家、教授和有丰富实践经验的工程技术人员担任翻译和审校人员，使得该套丛书能以较高的质量和效率翻译出版，并和广大读者见面。

希望该套丛书在相关企业、科研单位、院校的生产和科研中发挥应有的作用。

中国石油天然气股份有限公司副总裁

作者简介

利弗·尼力克博士：有 30 年从事泵和抽汲设备相关工作的经验。他是一个注册的专业工程师，在世界范围内已发表 50 多篇关于泵和相关设备的论文和专著，如《化学工艺百科全书》（John Wiley & Sons, Inc.）中"泵"部分、合作编写了《流体动力学手册》的一部分（CRC 出版社）和《离心式和转动式泵的应用基础》（CRC 出版社）。他是抽汲机械有限公司主席，专门从事泵的咨询、培训、设备故障排查等工作。他在工程、制造、销售和管理方面积累了大量的经验。工作过的单位有英格索兰公司（工程技术）、高质泵公司（技术）、Roper 公司（工程和维修/检修副主席）、Liquiflo 设备公司（东南区域销售经理，总裁）。尼力克博士是得克萨斯州 A&M 大学的国际泵使用者研讨会的顾问委员会成员、《泵》杂志编辑、《水和废弃物文摘》顾问委员会成员、《泵及系统》杂志的编辑顾问委员会成员、《流体工程技术》杂志的前任副技术编辑。他是美国机械工程师协会（ASME）的正式成员，通过美国产业管理协会认证。他毕业于利哈伊大学，获得制造系统硕士学位和机械工程博士学位。他在世界各地讲授泵的培训课程，进行关于泵运行、离心泵和容积泵工程技术、改善性能与维修方法、提高效率与节能，以及优化泵系统运行的咨询工作。

吉姆·布伦南：已经有 35 年的泵和抽汲系统方面的经验。他是石油工程师协会的会员，获得了德雷塞尔大学机械工业工程技术专业学士学位，他的专业经历包括螺杆泵、齿轮泵和叶轮泵的设计工作；发电、润滑、气密封、流体动力、海上和油田领域的管线运用。他现在是 IMO 工业公司专业项目经理，科尔法泵业有限公司的成员。他先前在 IMO 工业公司的工作包括工程经理，负责监督质量保证功能、野外服务、维修业务，以及泵设计、完善、试验和应用。他还撰写了许多论文和文章，并在许多有关泵的工业会议和与泵相关的项目上发言，他还曾讲授容积式泵的操作。

原 书 序

本书讲述了螺杆泵的基本原理。尽管形式上螺杆泵被水力学院划分为单螺纹类型，是旋转型泵的一个分支，但螺杆泵更多地被称作 PC 泵，并被广泛地用于各种不同的领域。在相对适宜的温度下（350°F 以下），螺杆泵尤其适用于黏稠、污浊、带有气体和固体悬浮物的多相流体的抽汲。

当设计反向运转时（即通过提供不同的压力来使轴转动），螺杆泵基本上可以像液压驱动的方式运行。在石油钻井和开采工业中，这样的泵叫做井下螺杆钻具（DHMs），依靠钻井液，提供液压介质以驱动转子、润滑钻头，并清除岩屑。

螺杆泵用于井下采油时被叫做井下螺杆泵（DHPs），在几千英尺的深度下运行，抽汲石油（通常混有其他流体、天然气和砂子）到地面。

目前，有关螺杆泵的出版物很少。技术论文主要出现在专业研讨会上，如石油钻采会议，通常只涉及应用中的一个特定主题或方面，很少涉及螺杆泵或井下螺杆钻具的设计，尤其是它的水力部分。有关螺杆泵的教科书也很少，而且大部分致力于概述，而不是设计的细节或运行的原理。因此，螺杆泵复杂的内部几何形状，仍然被含混地理解，甚至在工程技术团体内部也是如此，它没有得到充分的探讨，也许是由于复杂的数学和三维表面。然而，通过进一步了解它们的几何特性，运用复杂的数学公式求解，可以使这些螺杆机械的复杂性得到理解，从而揭开它的神秘面纱。相反，在泵将流体从进口移到出口过程中，我们应用简单（或简化的）方程式表示泵的几何形状，包括"问题的核心"——"前进的"腔室，并从单螺纹转子的几何形状开始，逐渐扩展到多螺纹装置。

分析和理解这种类型泵和井下螺杆钻具的常规方法刚开始出现，但它更侧重于实用而不是理论。没有统一的可接受的术语来表示大小直径、偏心距、转子/定子配合，或者热膨胀比。本书中使用的术语则是第一次尝试把这些符号统一并标准化，最终目的是将其收入 ISO 标准中并出版，以促进技术团体的交流。

希望本书能够起到一本合适教材和参考工具的作用，为工程技术人员、设计人员、泵和井下螺杆钻具的用户更好地理解螺杆泵的基本原理提供参考。

原书前言

在近 10 年里,地面螺杆泵(PCPs)、井下螺杆泵(DHPs)和井下螺杆钻具(DHMs)已经得时了高度重视。螺杆泵的最初设计可以追溯到 19 世纪 30 年代,勒内·穆瓦诺博士发明了这种类型的泵,并将它作为飞机发动机的增压器。它能够输送含有液体、气体、固体或蒸汽的多相流体,当其他类型的泵不适用时,这种类型泵就成为"万不得已"的选择。在水力学院的标准中(如图 1 所示),这种类型的泵属于旋转泵的一个分支,并被正式列入"螺旋泵"族。

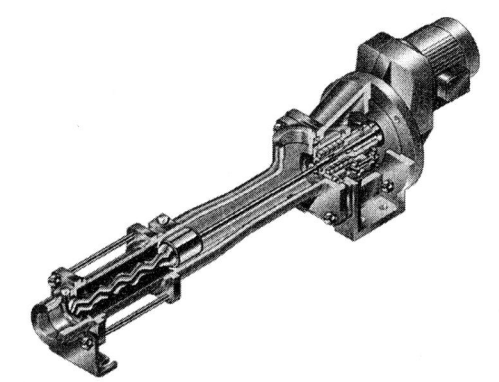

(a)单螺旋泵(螺杆泵)(莫诺芙洛泵厂制造)

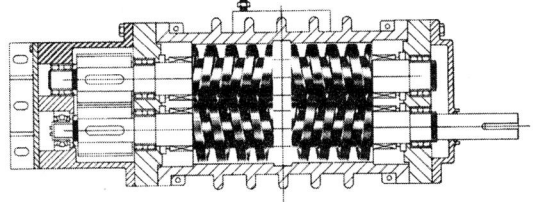

(b)双螺旋泵(科尔法克斯泵制造集团生产)

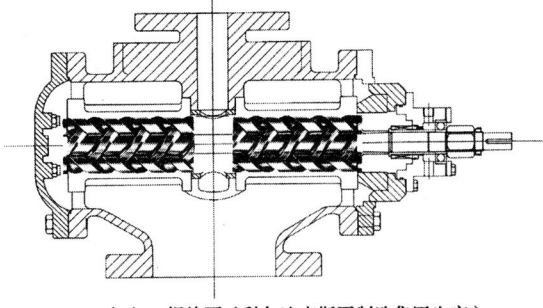

(c)三螺旋泵(科尔法克斯泵制造集团生产)

图 1 螺旋泵

尽管被水力学院划归为"螺旋泵",用户和制造商(尤其在北美洲)通常把这种泵称为螺杆泵,而用"螺旋泵"表示多螺旋类型泵,即两螺旋泵(有时被称为双螺旋泵)和三螺旋泵。实际上,多螺旋泵和单螺旋泵(即螺杆泵)在应用上有许多相似之处。

螺杆泵一般应用在"恶劣"举升条件下,比如污水处理、含有固体悬浮物、高磨蚀性钻井液等,而双螺旋泵和三螺旋泵多用于清洁液体,如原油和成品油运输。也有一些例外,应用范围时有交叉。然而,在欧洲(尤其在俄罗斯),不管是在俄文著作还是其英文翻译中,螺杆泵保留了水力学院的分类方法,通常指螺旋型泵。

总之,螺杆泵这个术语已被广泛接受,而且在本书中,我们将使用这个术语(螺杆泵)。在水力学方面,腔室"推进"的运动原理在螺杆泵(PCPs)、井下螺杆泵(DHPs)、井下螺杆钻具(DHMs)的应用基本相似。

对螺杆泵了解相对较少的原因还不是很清楚,对螺杆泵进行了研究、了解和安装的用户也时常疑惑为什么他们直到最近才意识到螺杆泵的巨大优势。在北美市场,以及国际市场上,螺杆泵的许多优势,才刚刚开始被了解。螺杆泵的优点远远超过它们的缺点,本书的内容是陈述一下它们的优点和缺点以及它们独特的设计和性能。

世界上绝大部分的泵属于离心泵类型。其他类型,在泵的总量中只占很小比例。尽管各种研究统计结果不尽一致,比较公认的说法是容积泵占世界总泵量的1/3,而离心泵占2/3。

从历史的角度来看,泵的早期应用十分简单——输送水。对于这项工作,离心泵是理想的选择,因为水的黏度和润滑性低,于是离心泵的水力通道的摩擦损失很小。在20世纪初,离心泵工程研究工作的重点集中在离心泵水力部分的优化。无数的论文和书籍是关于叶轮设计、蜗壳配置、导向叶轮等方面的。离心泵的功率不同,从住宅家用的小型动力泵,到汽轮机发电站超过60000水马力的锅炉给水泵。

20世纪初,在化工厂用泵来输送低黏度的化学物质。因此直到出现大型的蒸汽站后容积泵才开始发展起来,同时产生了大型蒸汽活塞泵。

容积泵种类包括往复式和旋转式。在本书的后面将介绍这些类型的泵,并根据水力学院的分类表进行分类。往复式泵和旋转式泵都是将流体从进口推动到出口(即与离心泵比较,它们产生流量,而离心泵是产生压力)。然而,往复式泵通常很大,而且它们的机械联动装置由于活塞的加速、停止、再加速而产生明显的作用力。旋转式泵是综合了大型、低速运转的往复式泵和小型、快速运转的离心泵的相关特点而开发出来的。螺杆泵是旋转式泵,与齿轮泵、叶泵是同类,但它们更像多螺旋泵。

尽管它们都是第一次世界大战后不久就由勒内·穆瓦诺博士构想出来,但这些泵没有普及开来,直到最近的15~20年。穆瓦诺博士,一个卓越的工程师,有了这样一个想法,将单螺纹转子嵌入到双螺纹定子中,在两者之间形成一个腔室。转子的转动推动这个腔室,这是推进腔室的主要概念。虽然如此,在开始时,他的设计不能同小的、低价的离心泵进行有力的竞争。在许多年里,对于抽水来说,用离心泵优于用螺杆泵。

当各种工业走向成熟时,尤其是第二次世界大战后,新的化学制品出现并大量生产。许多化学制品是由不同的材料制成的,明显不同于低黏度的水。例如,造纸厂为了输送纸浆而产生了新的技术要求;应对人口增长,污水处理厂开始扩大规模、增加产量;增加消费和工业生产导致了更大的需求。

同时，在机械设计方面，制造技术取得了显著的突破。五轴联动机，配备有最新的电子控制器，使加工螺杆泵复杂的三维空间形状的转子和定子更容易也更便宜。总之，到20世纪80年代中期，螺杆泵就被认为具有竞争力。

多螺纹设计目前已经实现，同时，泵的应用也从地面扩展到包括石油生产用的井下泵，以及钻井和石油开采用的井下螺杆钻具。

目　录

- 第1章　螺杆泵的优点 …………………………………………………………………（1）
- 第2章　螺杆泵三种主要类型：地面螺杆泵，井下螺杆泵，井下螺杆钻具 …………（2）
- 第3章　水动力部分的工作原理（转子/定子对）……………………………………（5）
- 第4章　几何形状 ………………………………………………………………………（7）
  - 一、腔室/排量 ………………………………………………………………………（7）
  - 二、剖面图绘制 ……………………………………………………………………（10）
  - 三、单螺纹（特殊情况：$N_r = 1$，$N_s = 2$）……………………………………（15）
  - 四、定子与转子之间的配合（间隙配合与过盈配合比较）……………………（16）
  - 五、多螺纹实例：配合计算 ………………………………………………………（17）
  - 六、单螺纹（特殊情况，$N_r = 1$，$N_s = 2$）：配合计算 ……………………（18）
  - 七、用于定子制造的衬芯尺寸 ……………………………………………………（18）
  - 八、性能：运行特性 ………………………………………………………………（19）
  - 九、如何获得某一给定设计的性能特征曲线 ……………………………………（22）
  - 十、实例 ……………………………………………………………………………（22）
- 第5章　设计 ……………………………………………………………………………（28）
  - 一、主要设计参数 …………………………………………………………………（28）
  - 二、重要比值 ………………………………………………………………………（30）
  - 三、参数比值的变化及其对泵特性和寿命的影响 ………………………………（32）
  - 四、能量传递方式 …………………………………………………………………（36）
- 第6章　应用准则 ………………………………………………………………………（40）
  - 一、磨损 ……………………………………………………………………………（40）
  - 二、温度 ……………………………………………………………………………（41）
  - 三、化学品 …………………………………………………………………………（41）
  - 四、黏度 ……………………………………………………………………………（41）
  - 五、转速（$v_{转}$）…………………………………………………………………（42）
  - 六、压力和流量 ……………………………………………………………………（43）
  - 七、夹带的气体 ……………………………………………………………………（45）
  - 八、干转 ……………………………………………………………………………（46）
- 第7章　安装实例 ………………………………………………………………………（47）
  - 一、安装实例1：螺杆泵保持泡沫浓度 …………………………………………（47）
  - 二、安装实例2：淤泥输送问题 …………………………………………………（47）
  - 三、安装实例3：食品行业中的应用——大豆奶的加工 ………………………（48）

四、安装实例4：面包房清洁卫生的应用 ……………………………………… (49)
　　五、安装实例5：污水处理 …………………………………………………… (50)
　　六、安装实例6：暴雨水排放应用 …………………………………………… (50)
　　七、安装实例7：污泥的应用 ………………………………………………… (51)
　　八、安装实例8：污泥处理应用 ……………………………………………… (52)
　　九、安装实例9：在食品加工厂应用 ………………………………………… (53)
　　十、安装实例10：飞机场的污水处理 ………………………………………… (54)
　　十一、安装实例11：浅海的钻井液补给船 …………………………………… (55)
　　十二、安装实例12：主油泵上加添加剂 ……………………………………… (55)
　　十三、安装实例13：垂直方向安装 …………………………………………… (56)

第8章　故障排除 …………………………………………………………………… (57)
　　一、在开始排查故障之前 ……………………………………………………… (69)
　　二、信息采集 …………………………………………………………………… (69)
　　三、流量漏失和低流量 ………………………………………………………… (70)
　　四、吸入口漏失 ………………………………………………………………… (70)
　　五、排出口压力低 ……………………………………………………………… (71)
　　六、过度的噪音和振动 ………………………………………………………… (71)
　　七、能耗过高 …………………………………………………………………… (72)
　　八、泵快速磨损 ………………………………………………………………… (72)
　　九、应用中的螺杆泵组件 ……………………………………………………… (72)

第9章　螺杆泵的选择和尺寸设计 ………………………………………………… (76)
　　一、例1：泵的尺寸设计 ……………………………………………………… (77)
　　二、例2：泵的尺寸设计 ……………………………………………………… (80)
　　三、金属定子 …………………………………………………………………… (81)

第10章　螺杆泵的启动 …………………………………………………………… (82)
　　一、管线和阀门 ………………………………………………………………… (82)
　　二、底座调整和转动 …………………………………………………………… (83)
　　三、润滑 ………………………………………………………………………… (84)
　　四、启动备件 …………………………………………………………………… (84)
　　五、资源 ………………………………………………………………………… (84)
　　六、启动前最后的细节 ………………………………………………………… (85)
　　七、旋转泵启动检验单 ………………………………………………………… (85)

第11章　螺杆泵维修指南 ………………………………………………………… (88)

结束语 ………………………………………………………………………………… (90)
参考文献 ……………………………………………………………………………… (91)
术语和略语 …………………………………………………………………………… (92)
单位换算表 …………………………………………………………………………… (94)

第1章　螺杆泵的优点

从流量和压力范围来看,螺杆泵设计要优于任何其他类型的泵。它们每分钟处理的流量从几分之一加仑到几千加仑。螺杆泵的压力取决于级数(定子的导程),一般能达到 800～1000psi。能处理的流体黏度的范围很大,黏度从似水流体(1cSt)到(黏度高达 1000000cSt 的黏土、胶结物、淤泥)的其他流体。

转子和定子是过盈配合(有镀层的金属转子在有弹性衬里的定子里),其转速低,内部的剪切速率也非常低。当应用在食品工业时,有时螺杆泵用来输送樱桃和苹果,这些水果通过内部通道输送时不会受到损伤。螺杆泵的无脉冲流动和无噪音运行特别适用于对剪切敏感的物质的输送。

螺杆泵是优质的自吸泵,具有较好的吸入特性。用于输送空气和天然气时只产生极小的搅动或泡沫。

螺杆泵另一个主要特征是对杂质和磨损具有很高的承受能力,通常被称为"最耐久泵"。因为定子管内壁弹性衬套的独特特性和耐磨性能,螺杆泵经常用在磨蚀非常严重的情况下。这些弹性体是由常规橡胶(丁钠橡胶)或进口材料,如氟化橡胶、聚四氟乙烯塑料以及其他材料制作而成。

尽管螺杆泵的用途很多,但它也有局限性,主要是它体积的大小。为了防止流体的"滑脱"(从压力较高的出口回到吸入口的渗漏)现象,当压力增加时,必须增加转子/定子的导程(级数),这样就增加了这个装置的总长。对于过高的压力环境,有时改进在用设备难度很大,尤其是过去一直在用小泵(如离心泵)的地方。然而,当场地不受限制时,这一限制就不是制约的因素。

螺杆泵尺寸较大的另一个因素是低转速,需要在驱动装置和泵之间有一个齿轮减速器(或者皮带传动)。这样将导致成本增加。然而,变频器(VFD)的最新问世允许去掉齿轮减速装置,同时,在克服压力举升时,引进了一种新的改变流量的方法。

螺杆泵的另一个局限性是输送流体和弹性体之间的兼容性。一些化学品可能造成弹性体出问题,其他物质可能引起弹性体溶胀。为了在腐蚀性环境中应用,选择氟化橡胶,甚至是聚四氟乙烯定子。同全金属泵相比,橡胶也受到温度的限制。一般来说,螺杆泵工作温度为 300～350℉。螺杆泵也不能干转,除非时间很短,否则在转子和定子接触面产生热量,可能造成橡胶失效,通常称为橡胶"老化"或者"脱胶"。

第2章 螺杆泵三种主要类型：地面螺杆泵、井下螺杆泵、井下螺杆钻具

一台螺杆泵主要包括水力部分（转子镶嵌在定子内）和驱动部分（见图2-1和图2-2），驱动部分借助于连杆将轴转动传递给水力部分。这种连接可以通过多种方式完成：铰链连接、万能连接（如万向节）或者柔性连接装置。

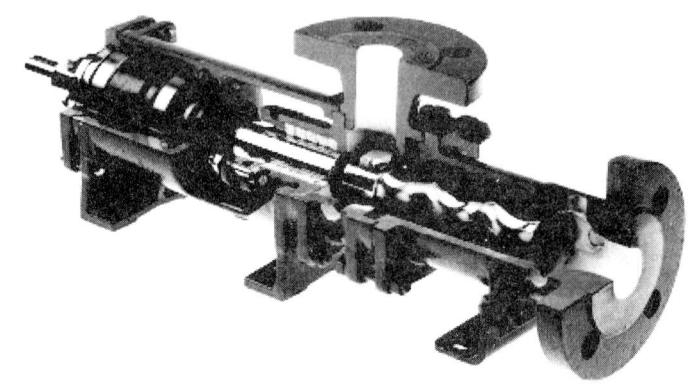

图2-1 标准的螺杆泵（莫诺芙洛泵厂制造）

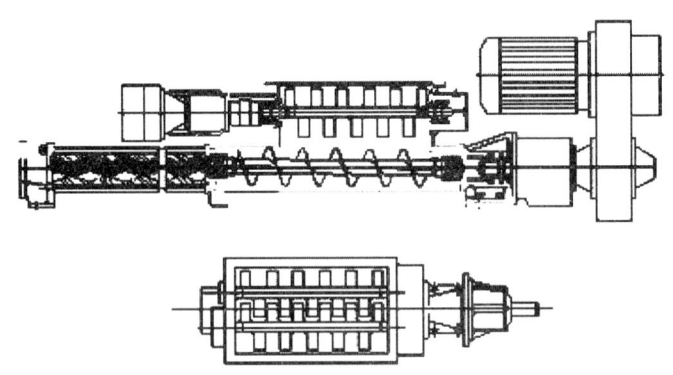

图2-2 螺杆泵截面（莫诺芙洛泵厂制造）

驱动装置（发动机、柴油机或者其他原动机）连接输入轴，将其能量转化成轴转动的机械能。轴由驱动部分的轴承支撑，驱动轴转动带动水力部分的转子偏心运动。在转子与定子之间形成腔室（后面将会详细介绍）。转子的偏心运动驱替腔室内的流体"移动"（用术语说是推进），将流体沿着轴的方向从吸入口（进口）运送到出口（也就是克服出口压力举升液体）。因为流体实际上是机械式的驱替，所以螺杆泵属于旋转泵分支。

如果将螺杆泵连接到"发电机"上，而不是电动机或其他负荷（比如钻头），转子在不同的压力驱动下转动，实际上泵就变成了液压马达，源于泵送机械的术语（注意：水力涡轮机反转时的运行同离心泵运动相似）。利用流体的能量转换成转动轴的机械能——从偏心转子，经由连杆到驱动轴，再到负荷。因此，当机械能转化成水力能时为泵；相反，当水力能转化为机械转动能时为液压马达。在油田勘探钻井时，这样反转运行的装置被称为"井下螺杆钻具"，它利用钻井液作为工作流体驱动定子内的转子，同时润滑钻头和冲刷携带岩屑。在这种情况下，水力部分（转子和定子）被称为"动力部分"，它的作用是给钻头传递动力。图2-3是一套完整的钻井设备（井下螺杆钻具），它包括自身动力部分、轴承、密封、钻头、扶正器和其他辅助设备。这样一套装置（被油田钻井人员称为"管柱"）由井下螺杆钻具、输送管和钻井机构组成，所有这些设备都被下入井眼中并在其中运转。在地面，通常用大排量、高压三缸往复泵将钻井液泵入井下。这一部分的详细介绍见参考文献2。

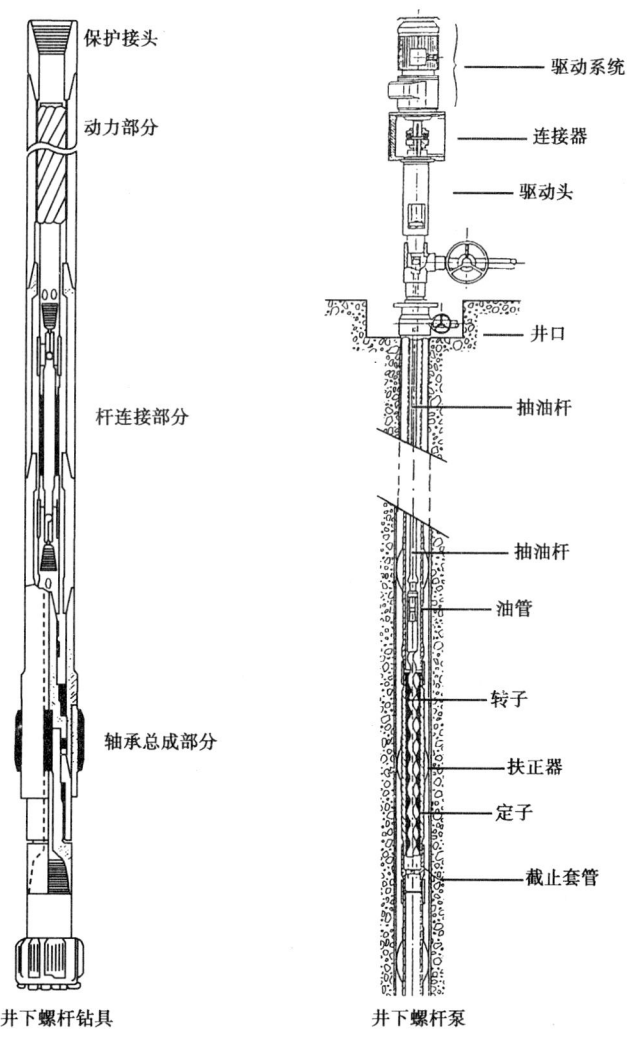

图2-3　整套装置

井下螺杆钻具和螺杆泵的商业应用是不同的。地面安装的螺杆泵一般应用在工厂，如加工厂和石油化工厂、造纸厂、公共事业与废水处理厂等。与井下螺杆钻具相比，它们需要的空间很小。地面螺杆泵制造商提供一套完整的泵装置，通常会安装在一个底板上并连接到一个电动机或其他驱动装置上。用户或合同承包者连接上管线和电源，这样泵就可以工作了。然而，对于井下螺杆钻具(DHMs)，其动力部分主要是由一个子公司提供(通常和螺杆泵制造商是同一厂家，该子公司有工厂，而且知道如何制造动力部分——切削转子和将橡胶浇铸到定子管中)。这类子公司通常为井下螺杆钻具提供动力部分，为了连接到井下螺杆钻具的其他部分，这些制造商在定子管上加工所需的螺纹。然后将这些井下螺杆钻具卖(或者更多时候是租赁)给那些钻探公司，这些钻探公司有自己的钻井设备，执行石油公司的钻井合同。同井下螺杆钻具一样，根据使用方提出的要求，井下螺杆泵(见图 2-3，DHP)按规定顺序连接。它们主要是转子/定子部分，由一个较长的驱动轴(进口部分)或潜油电机驱动。

子公司提供的动力部分(实际是整个泵的抽汲部分)是无螺纹的，其后的完工工作由"管柱"制造商完成。这个商业行为是石油工业多年来的传统、历史和文化的一部分。

螺杆泵具有较低的"螺纹比"(第 4 章详细讨论)，如 1:2(单螺纹转子在双螺纹定子里)，最近引入了 2:3 螺纹比的设计。井下螺杆钻具通常是多螺纹结构，最高螺纹比达到 9:10。由于已钻井眼的几何尺寸和空间限制，需要将动力部分尽可能地缩短(即减少级数)，同时每级都有较大的压降(每个单位长度上就会集中有更大的力和扭矩)。尽管有很多的限制和缺点，多螺纹设计能够满足这样的技术要求，这些将在第 4 章讨论。

本书的其余部分，我们将集中讨论泵的水动力部分(转子/定子)：地面装置、井下螺杆泵(DHPs)以及螺杆钻具(DHMs)，包括它们的几何形状、特性计算和评价，以及弹性体状态等。参考文献提供更多的关于钻井应用、泵抽条件以及辅助设备(密封、轴承、管线等)的信息。

第 3 章 水动力部分的工作原理(转子/定子对)

如果对螺杆泵转子的几何特性进行测试,会发现其几何特性非常类似于螺栓或者螺丝,沿着轴线方向从一端到另一端,有螺纹牙和光滑、连续的过渡段。同样,定子类似于螺母,定子的几何特性也是在轴线方向具有光滑的连续性。转子/定子对与常规机械螺杆/螺母对的不同之处是转子的螺纹数不等于定子的螺纹数。螺栓和与之匹配的螺母有相同的导程和相同的螺距,否则,它们将不能配合。相反,定子的导程等于转子的导程加 1($N_s = N_r + 1$)。它们的螺距也是不同的。螺距是一段螺纹从开始端到末端(环绕 360°)的轴向距离。这不同于导程,导程是两个相邻螺纹的轴向距离。

例如,五螺纹定子的每个螺距间有五个导程,因此,你不能把转子直接插入到定子中,你需要像将螺栓放入螺母中一样,把它旋入进去。转子和定子的几何剖面图与螺丝和螺母的剖面图不同。螺栓的中心线总保持与之匹配的螺母的中心线重合,但是转子的中心沿着轴线改变位置。转子的每一个横截面都是偏离与之匹配的定子的中心。此外,在运行过程中,转子围绕定子的中心旋转。转子中心绕着定子中心的旋转运动被称作"章动"。转子和定子对称位置的凹陷在转子和定子间形成了密封腔室,在转子转动过程中,"章动"使腔室沿着轴线移动(即推进)。图 3-1 说明了螺纹比为 1∶2 的运行机理,下面将更进一步解释。

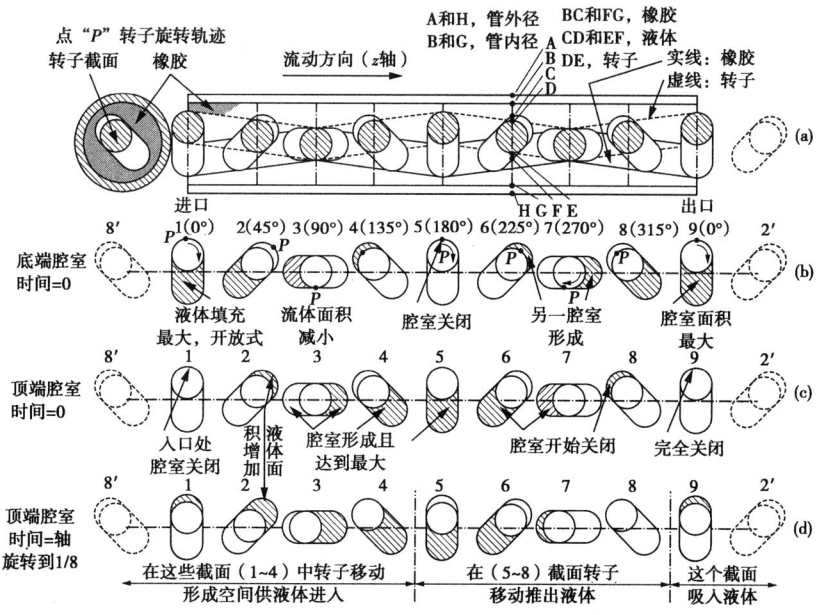

图 3-1 定子内部空隙和转子之间形成腔室

图 3-1(b) 和图 3-1(c) 中的阴影部分表示给定截面内的液体;图 3-1(d) 是当转子转动 1/8 圈时的截面,显示腔室随着时间的变化过程,同图 3-1(c) 进行比较;图 3-1(b) 和图 3-1(c) 说明了腔室向前移动的过程

对于多螺纹装置,除具有多重腔室外,其他原理都相同,在转子旋转过程中,所有腔室都沿着定子轴线移动,输入轴每转动一周所驱替的流量等于净横截面的过流面积乘以转子的螺纹数,再乘以定子螺距。输入轴的转速与转子螺纹数的乘积叫做"'章动'速度",下面将更详细地讨论。显然,对于单螺纹转子,"章动"速度 v_n 等于泵轴的转动速度 v。

腔室从吸入口向排出口移动,泵出一定体积的液体,液体的体积等于腔室的体积。这个体积,不管是入口还是出口(二阶系数和修正项将在后面接触到)实际上是恒定的,这就是螺杆泵属于容积泵(旋转泵的分支)的原因。因此,如果能够理解转子和定子之间腔室的几何特性,那么螺杆泵运转的相关参数和机理就会变得清晰和容易推导。

第4章 几何形状

初次接触螺杆泵,它的水动力部分(这一概念也适用于井下螺杆泵和井下螺杆钻具)的几何特性就会被消极地被认为很复杂。这可能是很少人掌握它的原因,甚至有些用户和工程设计者都很少掌握。已出版的资料很少能够以清晰、直接、简单的方式解释螺杆泵的复杂结构。再分析一下如图 3-1 所示的转子/定子对的装配图。不同螺纹比的螺杆泵的截面如图 4-1 所示。

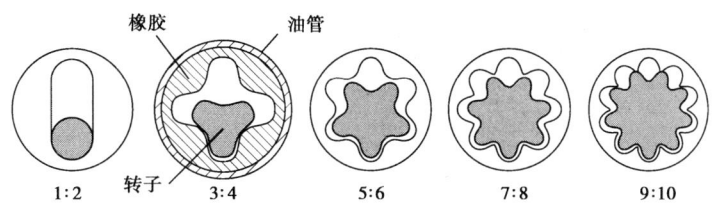

图 4-1 不同螺纹比的螺杆泵截面图(垂直于泵的轴线)

因为转子和定子的螺纹数相差 1,所以在转子和定子间形成了一个由流体充填的密封腔室,这是理解螺杆泵工作原理的关键。

一、腔室/排量

分析最简单的情况,即单螺纹转子(螺纹比 1:2,定子是两个螺纹)的腔室形状。假设在转子转动某一瞬间停止,如图 3-1 所示,可以形成多个密闭腔室。为简单起见,图中只表示单级泵,但泵通常都是多级的,泵的级数取决于吸入口和排出口的总压差。如果有多个级,图 3-1 中的截面 8′ 和 2′ 可以看做是相邻的级。起始(入口)截面显示转子位于定子剖面的顶端。当我们沿着 z 轴移动,定子截面"旋转"一周 360° 到达另一端面,轴向距离等于定子螺距(P_s)。为了形成一个密闭腔室,转子截面必须也沿着 z 轴线"扭转"两次。转子在定子中间完成第一个 360° 旋转,第二个 360° 旋转在下半个定子螺距中完成(1:2 螺纹比的情况下,转子螺距 P_r 等于定子螺距的一半)。对于多螺纹比情况,螺距比等于螺纹比(即 $P_s/P_r = N_s/N_r$)。

由于转子偏心(下面将讨论),转子的旋转类似于车轮沿着一条道路运动——这种运动实际上是围绕着路和车轮间的接触点的瞬时转动(而不是围绕车轮中心点)。如图 7 所示,只有滚动没有滑动。A 点滚动形成的轨迹,叫做摆线。

如果观察图 3-1 中定子截面在时间 $t=0$ 时的位置,可以看到几个腔室。有一个腔室从零开始,在吸入口的顶部打开(截面 1),随着截面旋转,腔室逐渐打开——在截面 2 形成一个小的顶部腔室(45°位置);在截面 3 腔室慢慢变大,在截面 5 处达到最大(180°,定子的底部),然后转向另一边。同时腔室开始缩小,终于回到零(在截面 9 打开),这是定子螺距的末端(即一级的末端)。

图3-1(c)中"顶部"腔室体积最大,它在入口处和出口处都是关闭的,在定子螺距的中间位置打开最大。同时,另一个腔室[图3-1(b)]占据定子螺距长度的一半,在入口截面处打开最大,向中间逐渐缩小。从中间截面处,另一个腔室再一次开始形成并且在出口处达到最大。因此,当沿着轴线移动时,第一个腔室逐渐变大,第二个腔室变小,而且当第一个腔室达到最大时,第二个腔室关闭,如图3-1中截面5所示。当第二个腔室关闭,第三个腔室开始形成,以与第一个腔室相似的方式变大,只是它在截面5开始(而不是截面1,即第一个腔室开始形成的地方)。当这些截面到达定子一个级的长度的末端时(截面9),第三个腔室在排出口截面处达到最大。

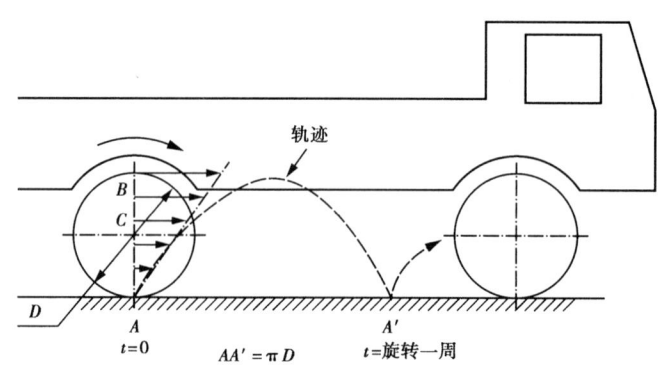

图4-2 车轮滚动
B点表示绕A点瞬时旋转,AA'距离等于车轮的周长

以上描述的是在某一给定时间(即轴的旋转停止)转子在定子内的位置。如果我们研究其他时间转动时转子的位置(例如轴旋转1/8,或者45°),每个转子截面(单螺纹情况下是圆)的旋转类似于车轮。如图4-2所示,在截面2转子[图3-1(d)]将移出一点,允许流体充填它,截面3和截面4也是如此。接下来截面5开始移进,远离定子的末端,推动流体沿轴向移动到下一截面。此后截面6,7和8将做相似的移动,每一个截面接收上一个截面中相同比例流体,同时推动它们自己内部的流体向排出口移动。最后,截面9中腔室打开,接收从截面8腔室流出的流体,同时驱替它自己内部的流体到排出口。由于轴连续旋转,当转子到达前一定子末端截面1时,腔室将运转半个周期(轴转动一半),第一个腔室在截面1下部开始形成,在截面5顶端处达到最大,在截面9处减少到零。

这一过程是连续的,从吸入口到排出口平缓、连续地驱动流体,类似于螺丝钻在管子中的运动。流体的运动接近于轴向运动,但不是绝对的。在螺丝钻中,由于管子内径是直线,所以流向是直的,但定子螺纹沿轴向直线轨迹偏移(引导流体),其形状类似于一个螺旋线,导致输送的流体做螺旋运动。然而,流体的转动分量很小,使得剪切率很低;这是螺杆泵经常用来运输水果、蔬菜和其他精细产品的原因。此外,螺杆泵可以使所运输的物品悬浮在水中减少伤害。

我们可以从三维角度"打开"腔室,试着用二维方法来建造同样的结构,如图4-3所示,来说明一个旋转周期内,腔室的压力是如何变化的。

众所周知,由于相对直的流动路径和很低的湍流,螺杆泵具有很低的脉冲。然而,压力存在轻微的周期性变化,图4-4显示了泵内腔室同转子旋转一起前移。

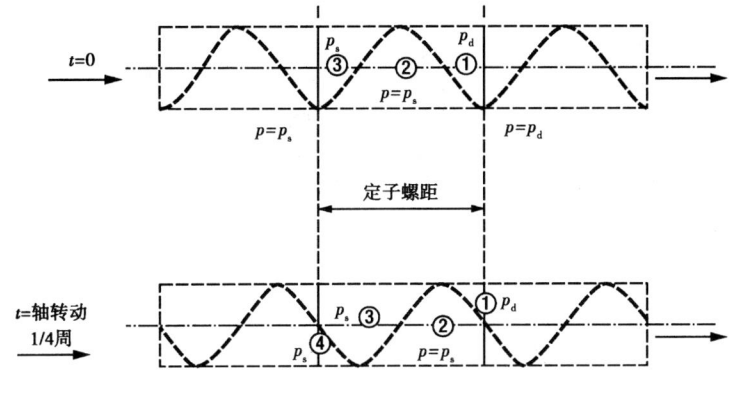

图 4-3 一个"打开"的腔室

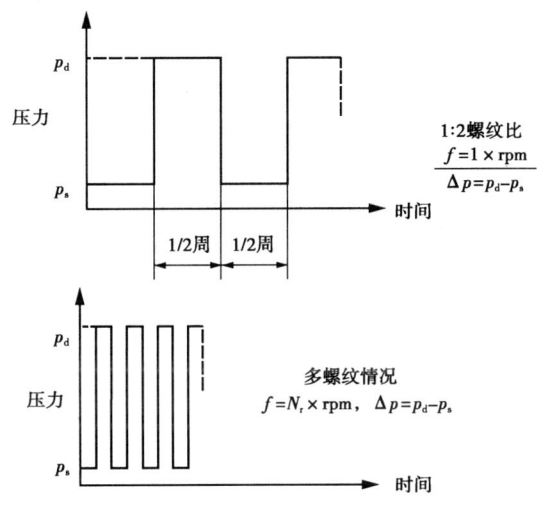

图 4-4 泵内某一定点的压力脉冲

理论上,从吸入口到排出口的流体压力是时刻变化的。其结果是一个阶梯状变化的压力波动,从吸入口到排出口,螺纹比 1:2 螺杆泵以 $1×\text{rpm}$ 频率变化,多螺纹比的螺杆泵以 $N_r×\text{rpm}$ 频率变化,同转子在定子中心"章动"的概念相一致。转子在定子中心"章动"见图 4-5。

图 4-3 的上部曲线:腔室①正在通过定子完成它一半的行程,压力为排出口压力 p_d;腔室②在其顶端位置(与图 3-1 中"顶端"腔室相同),所含液体的压力仍然是吸入口压力,正在准备打开,变为排出口压力;腔室③正在进入定子,其压力也是吸入口压力。下部曲线,轴转动到 1/4 周期。腔室①正好要完成一个行程穿过定子;腔室②打开变为排出口压力(理论上瞬时压力变化);腔室③正在变大进入定子;腔室④只是开始进入定子。

有时,压力会由于内部渗漏以及黏滞摩擦而降低。对于多级装置,压力波动取决于每一级的压差(即从吸入口到排出口的净压降除以级数)。这种情况进一步减少了压力脉冲。在多螺纹螺杆泵(或井下螺杆钻具)和离心泵之间有一种有趣的相似:多螺纹泵的压力脉冲机理同离心泵叶轮运动的频率特性相似,该频率特性由叶轮尖端经过蜗壳舌或扩散叶片口产生。

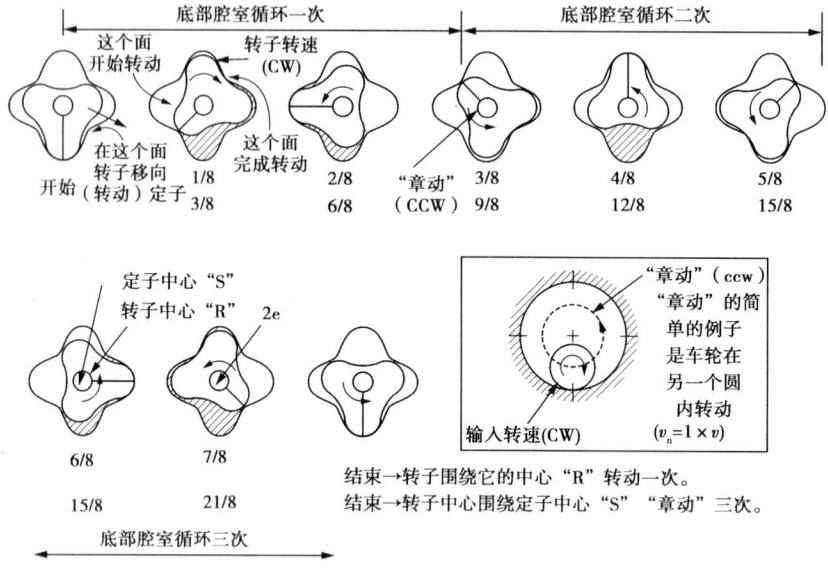

图 4-5　3:4 螺纹比转子"章动"的原理

因为泵的单位排量(q_o,轴在无负荷的情况下转动一周的流量,用下脚标"o"来表示)等于腔室体积(多螺纹转子有多个腔室),因此计算腔室体积非常重要。即使腔室的形状很复杂,但是有一种简单的方法来计算它的体积。沿轴线方向流体净横断面积(见图3-1)是恒定的,腔室体积等于流体横断面积乘以腔室长度(即定子螺距,P_s)。下面将详细说明,对于多螺纹转子,这个结果再乘以转子螺纹数才能得到轴每转动一周的总排量。这是因为在轴转动一周时(转子"章动"的原理见图4-5)腔室被驱替了N_r(转子螺纹数)次。

图 4-5 中,当输入轴转动一周,转子"章动"三次。注意"章动"的方向与输入轴旋转方向相反。插入图表示了旋转一周(周期)的简化情况。

上面描述的机理现在可以用几个简单的方程式来表示:

$$V_c = A_f \times P_s (\text{in}^3) \tag{1}$$

$$Q_o = V_c \times v_n = A_f \times P_s \times N_r \times v (\text{in}^3/\text{min}) \tag{2}$$

$$q_o = Q_o/v = A_f \times P_s \times N_r/231 (\text{gal/rev} = \text{gpr}) \tag{3}$$

$$q_o = V_c \times N_r/231 (\text{gpr}) \tag{4}$$

泵的单位流量q_o只取决于泵水力部分的几何形状,不取决于转速$v_{转}$,它是容积泵(PD)的通用参数,包括旋转泵,如齿轮泵、螺旋泵、叶泵等。注意:上面的叙述只对于理论上或理想上的泵才是正确的,即零压差或高黏度输送,同时无滑动现象或滑动现象可以忽略。

二、剖面图绘制

前面,我们讨论了最简单的摆线情况——当车轮沿着道路上滚动时某一点的轨迹。然而,车轮滚过的表面(周期)可能有一定的曲率,如图4-6所示。在绘制螺杆泵剖面图时只用到了内摆线(不是外摆线)。

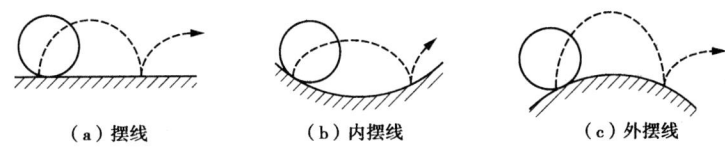

(a) 摆线　　　(b) 内摆线　　　(c) 外摆线

图 4-6　摆线图

遗憾的是,表示螺杆泵(或井下螺杆泵、井下螺杆钻具)剖面特性的几何参数没有固定的术语。不同的刊物、国家和制造商沿用自己内部的符号表示,经常导致混乱和交流困难。甚至像大小、直径和螺距这样重要的参数都没有国际公认的符号。尽管几个国际标准化委员会试着使这个行业有一些一致性,但是也没有统一的标准。考虑到这种情况,本书用的术语已提交给国际标准化组织,作为推进中的国际标准,目前还没有最终正式推出。

开始绘制剖面图,假设一个直径为 d 的构造圆,同时有一个半径为 e 的滚圆在构造圆的内表面上滚动。如果滚圆和构造圆之间没有摩擦力(即发生净滚动),那么滚圆上的一点产生的内摆线如图 4-7 所示。

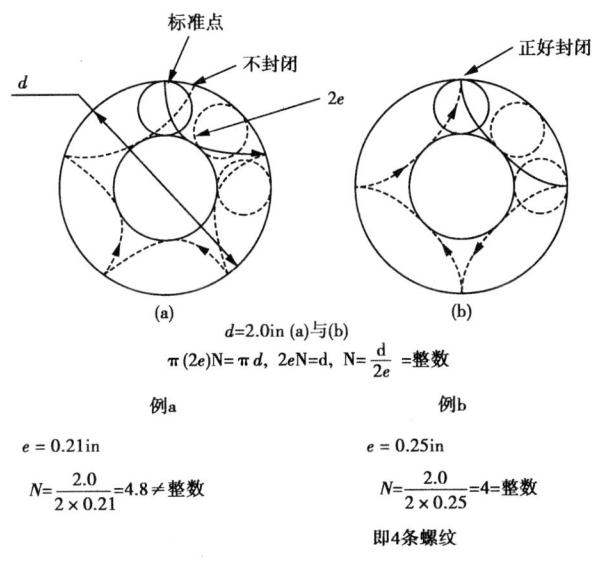

$d=2.0\text{in}$ (a)与(b)

$\pi(2e)N=\pi d,\ 2eN=d,\ N=\dfrac{d}{2e}=$ 整数

例a　　　　　　　　例b

$e=0.21\text{in}$　　　　　$e=0.25\text{in}$

$N=\dfrac{2.0}{2\times 0.21}=4.8\neq$ 整数　　$N=\dfrac{2.0}{2\times 0.25}=4=$ 整数

即4条螺纹

图 4-7　构造圆和滚圆半径之间存在约束关系

在构造圆和滚圆半径之间有一定的约束关系;否则,滚圆不能恰好在开始的位置结束,不能形成封闭的剖面线。滚圆滚动一周在构造圆上经过的弧长等于滚圆的周长:

$$\pi\times(2e)\times n=\pi\times d$$

这一组合一定有一个整数[$n=2,3,4,\cdots(n=1$ 是特殊情况)]适合构造圆,也就是说,滚圆一定能在构造圆内部恰好滚动 n 次,此时:

$$2ne=d \tag{5}$$

这是螺杆泵内摆线剖面的基本关系式。图 4-8 表示的是 n 取不同值时各种不同的内摆线剖面。这种方法产生的尖点是螺纹的中心点。

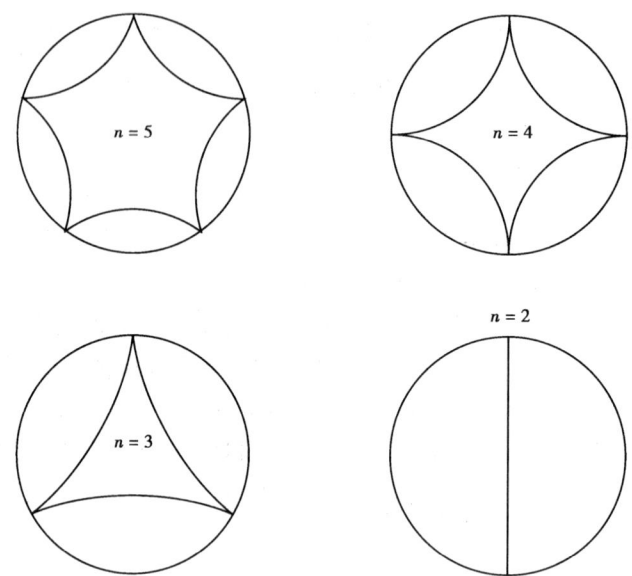

图4-8 各种内摆线(在增加半径 r 前)

螺纹是用圆心位于尖点,半径为 r 的螺纹圆制造出来的。因此,n 等于螺纹数。当螺纹比为5∶6,即转子有五个螺纹和定子有六个螺纹($n=1$ 是一种特殊情况)时,转子剖面图如图4-9所示。

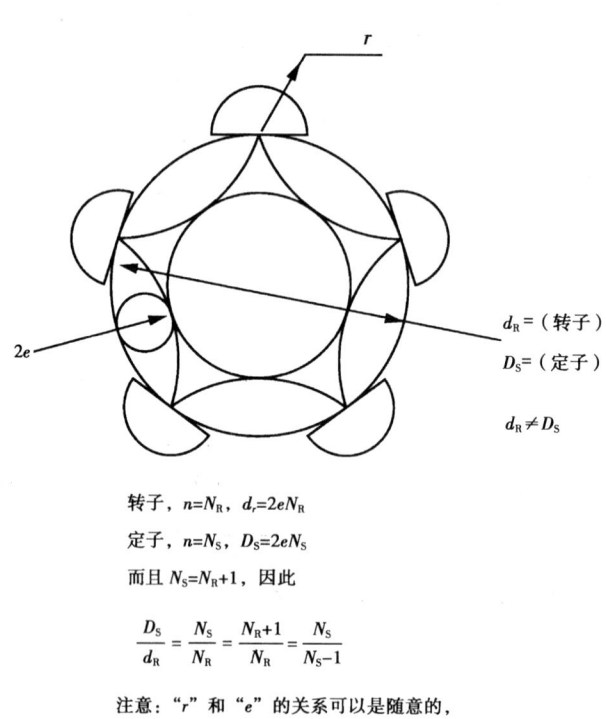

转子,$n=N_R$, $d_r=2eN_R$

定子,$n=N_S$, $D_S=2eN_S$

而且 $N_S=N_R+1$,因此

$$\frac{D_S}{d_R}=\frac{N_S}{N_R}=\frac{N_R+1}{N_R}=\frac{N_S}{N_S-1}$$

注意:"r" 和 "e" 的关系可以是随意的,但通常取 $r/2e=1$,即 $r=2e$

图4-9 螺纹半径放到内摆线的每一个尖点上(5∶6螺纹比设计)

另外,内摆线剖面是偏心的,这对于它本身来说是正常的,偏心距为 r,同图 4 – 10 所示的螺纹圆的半径一样。

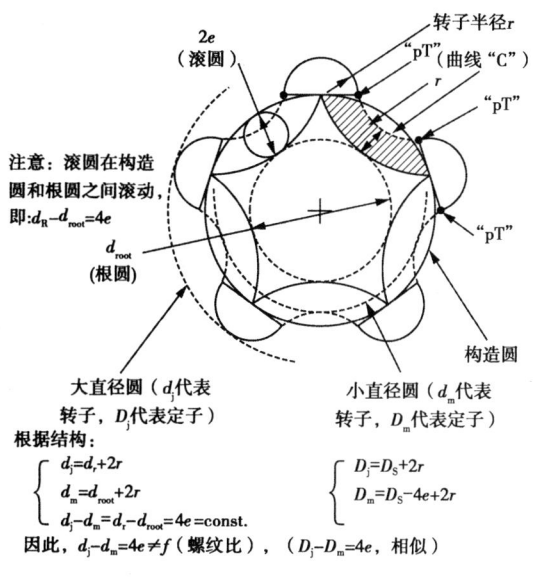

图 4 – 10　一个完整的螺杆泵剖面

这样,一个平滑、连续的曲线就制造出来了。其中平滑很重要。当检查转子时,人们总是通过触摸转子光亮的、精密的镀铬表面,来判断表面加工的质量和形状。如果转子是按照标准的技术说明书制造的,通过这样的触觉检验应该没有凸起或隆起。当检验到有凸起时,有时会认为转子剖面上的凸起是摆线在半径 r 转化成曲线 C 的点处的固有特性(如图 4 – 10 所示)。这种说法是不正确的,因为根据其结构特性,点 pT 同时属于一条直线,这条直线是螺纹圆和偏置内摆线(曲线 C)的法线。这是曲线连续(光滑)的条件。在数学上,这种连续性被看做是函数的"零阶"连续性。高阶是不连续的(第一阶是有曲率的)。触觉上的光滑度与函数本身有关,同曲率无关,因此如果是正确地制造,连接部分沿着整个表面应该感觉很光滑。

应当注意的是,一般情况下,构造圆同小直径圆是不同的概念,当 $r/2e$ 的值为 1 时除外。根据图 4 – 10,很容易得出以下关系式,定子(螺纹数等于 N_s):

$$D_j = D_s + 2r \tag{6}$$

$$D_m = (D_s - 4e) + 2r = D_j - 4e \tag{7}$$

$$D_j - D_m = 4e,\text{或}\ e = (D_j - D_m)/4 \tag{8}$$

从式(8)可以看到,偏心距等于定子大小直径差的 1/4,与螺纹数无关。在实际应用中,根据测量两个参数的值——定子大小直径,就可以很容易地算出 e 和 r。将方程(5)代入到方程(6)和(7)中:

$$D_j = D_s + 2r = 2N_se + 2r \tag{9}$$

$$D_m = (D_s + 2r) - 4e = D_j - 4e = 2N_se + 2r - 4e \tag{10}$$

$$r = (D_j - 2N_se)/2 = (D_m - 2N_se + 4e)/2 \tag{11}$$

转子(螺纹数等于 N_r):

$$d_j = d_r + 2r = 2N_r e + 2r \tag{12}$$

$$d_m = (d_r + 2r) - 4e = d_j - 4e = 2N_r e + 2r - 4e \tag{13}$$

$$d_j - d_m (= D_j - D_m!) = 4e,$$

或

$$e = (D_j - D_m)/4 = (d_j - d_m)/4 \tag{14}$$

$$r = (d_j - 2N_r e)/2 = (d_m - 2N_r e + 4e)/2 \tag{15}$$

$$D_s/d_r = 2N_s e/2N_r e = N_s/N_r = (N_r + 1)/N_r$$

$$= N_s/(N_s - 1) \tag{16}$$

可以看出,转子和定子的偏心距 e 及螺纹半径 r 是一样的,而其他参数是不同的。核心参数是 X_m 和 X_j,螺距等于定子螺距 P_s。

下面,我们来计算过流面积 A_f。首先,一个简单(仍然相当精确)的方法是假设某个螺纹间面积近似等于螺纹之间腔室的面积(即螺纹被看做是封闭的腔室,如图4-11所示)。这种方法也经常用于其他类型的旋转泵,比如齿轮类型,假设齿轮面积近似等于两齿之间的腔室面积。

这样的假设,同剖面的形状是没有关系的,因为大小半径之间的净过流面积很明显等于大小圆之间面积的一半。

$$A_{谷} = \pi/8 \times (d_j^2 - d_m^2) \tag{17}$$

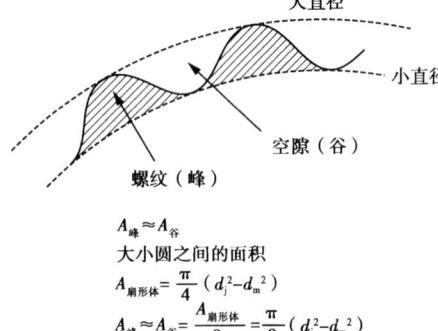

图4-11 计算转子"波峰"和"波谷"之间的面积(假设面积近似相等)

如图4-11所示。

过流面积是定子的横断面积减去转子的金属面积的差,每步计算过程见图4-12:

$$A_f = \pi/8 \times (D_j^2 + D_m^2 - d_j^2 - d_m^2) \tag{18}$$

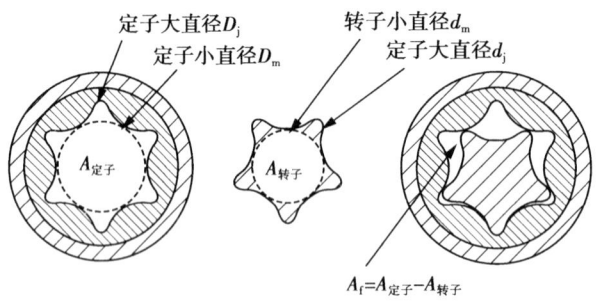

图4-12 流体的横断面积图

用 e 和 r 替换大小半径，我们可以得到：

$$A_f = \pi/8 \times [(2N_s e + 2r)^2 + (2N_s e + 2r - 4e)^2 - (2N_r e + 2r)^2 - (2N_r e + 2r - 4e)^2] = f(e, r) \tag{19}$$

换句话说，知道了主要参数 e 和 r 就足以计算净过流面积。也就是说，对于同样的净过流面积、螺距和螺纹比，无论 $r/2e$ 的比值多大，都能得到同样的性能。在过去，设计者在使用这个比值时近似地取 $r/2e = 1$，但也有很多设计者不取这个值。$r/2e = 1$ 被认为是最佳性能（最大过流面积）和轮齿机械强度之间的最优平衡点，如图 4-13 所示。

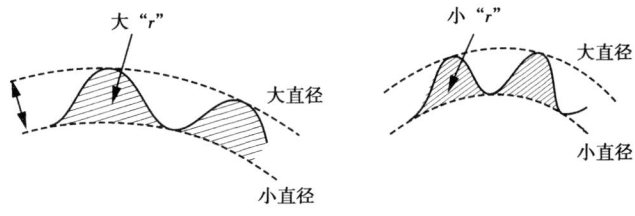

(a) 较厚，强度较高的齿　　　　(b) 较薄，强度较弱的齿

$(r/2e)_a > (r/2e)_b$

图 4-13　较厚(a)和较薄(b)齿的性能和机械强度的比较

三、单螺纹（特殊情况：$N_r = 1, N_s = 2$）

大多数螺杆泵的螺纹比为 1:2（即单螺纹转子在双螺纹定子内）；有一些螺杆泵的设计螺纹比是 2:3，但是很少。相反，螺杆钻具通常是多螺纹设计，最高螺纹比是 9:10。因此，1:2 螺纹比设计的定子有两个螺纹，前面所有多螺纹情况推导的方程式都适用于它。但转子的横断面不同。它是一个简单的圆，它的直径是小直径，而且也等于定子的小直径（即 $d_m = D_m$）。在同样的情况下，对于多螺纹结构，大直径是不存在的，大、小直径在同一个横截面。相反，包括转子的最大直径尺寸，被作为大直径使用，尽管它们不在同一个横截面上。横截面的投影图如图 4-14 所示。

定子（$N_s = 2$）所有几何关系的推导在这里同样适用，但是转子的情况有所不同的：

$$d_m = 2r \tag{20}$$

$$d_j = 2r + 2e \tag{21}$$

$$d_j - d_m = 2e（或 \neq 4e，就像当 n > 1 时） \tag{22}$$

若使用传统值 $r/2e = 1$，那么：

$$D_m = d_m = 4e \tag{23}$$

$$D_j = 8e \tag{24}$$

$$d_j = 6e \tag{25}$$

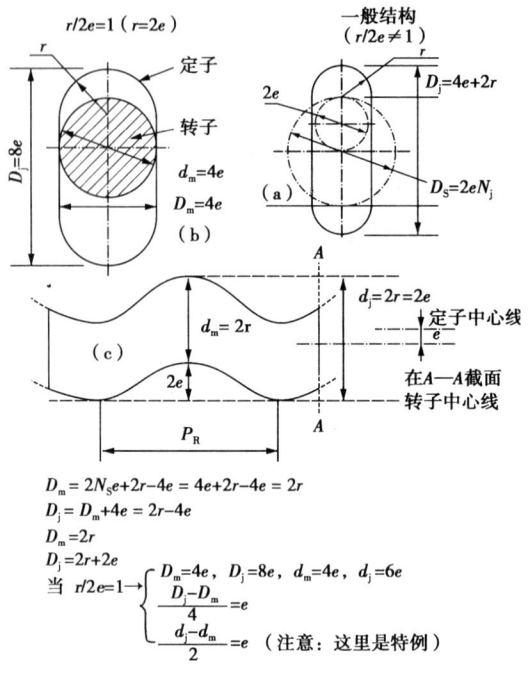

图 4-14 单螺纹情况($N_r=1, N_s=2$)

四、定子与转子之间的配合(间隙配合与过盈配合比较)

迄今为止,我们假设转子和定子之间是理想(零)配合。对于一个实际的泵或螺杆钻具,这种配合可能不是零配合。为了减少滑脱(获得高容积效率,即泵流量尽可能大),转子的直径要加工得稍微大一些,或定子的直径小一些,产生过盈(即减少滑脱)。典型例子是紧密配合用于黏滞阻力小的低黏度流体,从高压降到低压易产生滑脱(流体渗漏)。然而,若配合太紧密,在金属转子和定子橡胶衬套之间产生很大的摩擦力,需要高运行和高启动扭矩,减少整体系统效率。高启动扭矩问题非常重要,众所周知,如果螺杆泵和螺杆钻具的配合设计太紧密,容易出现问题。过早的磨损,包括逐渐的或突发性的磨损(称为橡胶"老化"),是配合过紧的信号。在流量和扭矩之间,以及泵的可靠性和橡胶使用寿命之间必须有一个折中的方案。

有时为了在温度较高的地方应用,设计时人为地放大间隙,以适应高温环境中随着温度的升高出现的热膨胀,也使配合更紧。对于这样的设计,配合可以减小到 0.020~0.080in,这取决于应用条件、橡胶性能等。很明显,在这样的例子中,对减小尺寸设计进行工厂检测没有太大意义,因为过度的"冷间隙"滑脱(即泵的流量明显降低),在高温下对螺杆泵进行工厂检测是很困难的,而且也很少做。

径向配合在大小值之间变化,而且沿着密封线变化。决定改变哪一个直径(转子或定子)以获得需要的配合是受多种因素影响的。例如,如果转子的尺寸保持理论值不变,那么通过使用不同的定子橡胶注入的衬芯来改变配合,可以使转子标准化。泵的制造商手中必须有大量的定子橡胶注入的衬芯才能制造"小于标准尺寸"的定子。反之,如果只有一个定子衬芯(定子尺寸标准化),那么必须制造不同配合的转子来满足多种配合的需要。每一个方法都有它的优点和缺点。定子标准化的方法不容许橡胶有研制工作的错误和误差。因为热膨胀系数高,橡胶的硫化过程复杂以及其他工艺的变化,橡胶微调总是很困难。一旦橡胶的设计工作完成了,制造商通常更想"一劳永逸",可能更喜欢通过不同的转子尺寸来得到不同的配合。转子的加工工艺相对更简单,更有预见性。相反,用户可能更希望让耐磨部分(转子)标准化,因此会在应用中尝试让不同的定子去配合同一个转子。

在本书中,为了便于说明,我们假设转子的尺寸没有变化(保持理论值),通过改变定子的尺寸来适应配合的需要。因此我们增加一个理论尺寸的量度(零刻度)(即 d_{mo}, d_{jo}, D_{mo}, D_{jo})。因此定子的实际尺寸是:

$$D_j = D_{jo} + 2c_j \tag{26}$$

$$D_m = D_{mo} + 2c_m \tag{27}$$

(但是 $d_j = d_{jo}$, $d_m = d_{mo}$)

即

$$2c_j = D_j - D_{jo} \tag{28}$$

$$2c_m = D_m - D_{mo} \tag{29}$$

对上面的关系建立一个符号约定:正配合表示间隙配合,负配合表示过盈配合。例如,+0.020in 表示有 20mil 的间隙(用一个大的定子衬芯来制造大一点的定子),-0.030in 表示有 30mil 的过盈(即用一个小的定子衬芯制造一个小一点的定子)。

根据测量转子和定子尺寸来计算配合的过程变得简单了。首先,假设转子的理论尺寸等于测量尺寸。那么就可以计算定子的理论尺寸了。定子的测量值和理论值之间的差值就是配合尺寸,正的是间隙配合,负的是过盈配合。

五、多螺纹实例:配合计算

$D_{mo} = 2N_s e + 2r - 4e$ [根据方程(10)]。

$2r = d_{jo} - 2N_r e$ [根据方程(12)]。

那么

$D_{mo} = 2N_s e + (d_{jo} - 2N_r e) - 4e = 2e \times (N_s - N_r) + d_{jo} - 4e$
$= d_{jo} - 2e$(因为 $N_s - N_r = 1$)

将 $e = (d_{jo} - d_{mo})/4$ 代入上式得:

$D_{mo} = d_{jo} - 2 \times (d_{jo} - d_{mo})/4 = (d_{mo} + d_{jo})/2$

即

$$D_{mo} = (d_{mo} + d_{jo}) / 2 \tag{30}$$

接下来,对于大直径:

$D_{jo} = 2N_s e + 2r = 2N_s e + (d_{jo} - 2N_r e) = 2e \times (N_s - N_r) + d_{jo}$
$= 2e + d_{jo}$(再因为 $N_s - N_r = 1$).

代入 e 可得:

$$D_{jo} = (3d_{jo} - d_{mo})/2 \tag{31}$$

$$2c_m = D_m - D_{mo} = D_m - (d_{mo} + d_{jo})/2 \qquad (32)$$
$$2c_j = D_j - D_{jo} = D_j - (3d_{jo} - d_{mo})/2 \qquad (33)$$

请注意,方程(32)和(33)适用于多螺纹情况(即 $n > 1$)。

六、单螺纹(特殊情况,$N_r = 1, N_s = 2$):配合计算

在这些计算中仅有的不同之处是偏心距 e 与多螺纹的计算方法不同:
$e = (d_{jo} - d_{mo})/2 [\neq (d_{jo} - d_{mo})/4,多螺纹情况]$。

$$D_{mo} = 2N_s e + 2r - 4e = 2r = d_{mo}(因为这里 N_s = 2) \qquad (34)$$
$$\begin{aligned} D_{jo} &= 2N_s e + 2r = 4e + 2r = 4e + d_{mo} \\ &= 4 \times (d_{jo} - d_{mo})/2 + d_{mo} = 2d_{jo} - d_{mo} \end{aligned}$$
$$D_{jo} = 2d_{jo} - d_{mo} \qquad (35)$$
$$2c_m = D_m - D_{mo} = D_m - d_{mo} \qquad (36)$$
$$2c_j = D_j - D_{jo} = D_j - 2d_{jo} + d_{mo} \qquad (37)$$

方程(36)和(37)适用于单螺纹情况,$N_r : N_s = 1 : 2$。

七、用于定子制造的衬芯尺寸

这个工艺同其他注入工艺非常相似。对于螺杆泵和螺杆钻具,注入材料可能是橡胶、橡胶衍生物或者是其他类型的弹性体(比如氟化橡胶)。长条状的原料被输送到注入机械已被加热的加料器中,由活塞在高压下推动,填充到定子管和衬芯之间的空隙中,衬芯通过辅助设备固定在定子管内部并居中。衬芯是"逆象"定子一个精确的复制品(定子空隙在收缩时对直径进行校正)。在注入过程,当加热到大约 350°F 时,橡胶在压热器中硫化,然后冷却。在冷却过程中,弹性体收缩并与衬芯脱离,如图 4-15 所示。

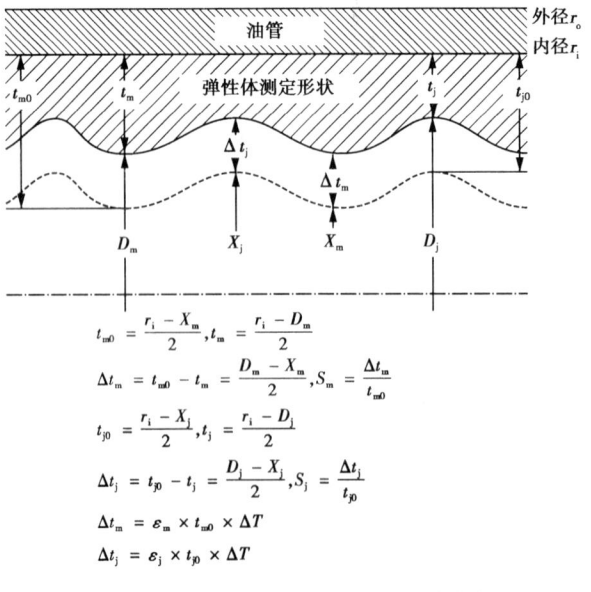

图 4-15 定子制造过程中的尺寸变化

最初的橡胶厚度是指大小直径 t_{mo} 和 t_{jo}。它等于管子内径和衬芯直径 X_j 与 X_m 的径向距离，就是在注入过程中由热弹性体占据的空隙。冷却后，最终的橡胶厚度是 t_m 和 t_j。

大小等值直径的绝对收缩量是：

$$\Delta t_m = t_{mo} - t_m = (D_m - X_m)/2 \tag{38}$$

$$\Delta t_j = t_{jo} - t_j = (D_j - X_j)/2 \tag{39}$$

相对收缩量（收缩率）是：

$$s_m = \Delta t_m / t_{mo} \tag{40}$$

$$s_j = \Delta t_j / t_{jo} （这些变量取决于橡胶） \tag{41}$$

弹性体的热膨胀率是：

$$\varepsilon_m = \Delta t_m / (t_{mo} \times \Delta T), \mathrm{in}/(\mathrm{in} \cdot {}^\circ\mathrm{F}) \tag{42}$$

$$\varepsilon_j = \Delta t_j / (t_{jo} \times \Delta T), \mathrm{in}/(\mathrm{in} \cdot {}^\circ\mathrm{F}) \tag{43}$$

橡胶的热膨胀率比金属的热膨胀率大一个数量级，这就是在这些计算过程中，忽略金属热变化的原因。

在螺杆泵和螺杆钻具上，橡胶的热膨胀是复杂的。橡胶在径向上可以自由膨胀，但在轴向上，由于它附着于管子的内径，膨胀是受限制的。最终结果是在某些地方径向膨胀率是介于线性膨胀率和体积膨胀率之间。

热膨胀系数能够近似地认为：$\varepsilon_V \approx 3 \times \varepsilon_m$。橡胶的线性热膨胀率大约是：$\varepsilon_m \approx 70 \times 10^{-6}$ $\mathrm{in}/(\mathrm{in} \cdot {}^\circ\mathrm{F})$（即是金属的十倍）。体积膨胀率大约是线性膨胀率的三倍，$\varepsilon_V = 200 \times 10^{-6}$ $\mathrm{in}^3/(\mathrm{in}^3 \cdot {}^\circ\mathrm{F})$。保守估计，建议丁钠橡胶的线性膨胀系数为 $60 \times 10^{-6} \mathrm{in}/(\mathrm{in} \cdot {}^\circ\mathrm{F})$，高腈橡胶大约是 $200 \times 10^{-6} \mathrm{in}/(\mathrm{in} \cdot {}^\circ\mathrm{F})$。然而，对于某些橡胶，膨胀系数高达 $470 \times 10^{-6} \mathrm{in}/(\mathrm{in} \cdot {}^\circ\mathrm{F})$ 也是合理的。

橡胶剖面的波状轮廓导致在大直径处橡胶较薄，在小直径处橡胶较厚。这就意味着橡胶在小直径处的绝对增长量要成比例地大于在大直径处的增长量（同样的相对增长率）。然而，横截面内的相互作用（以及侧向上的相互作用）改变了这个过程。在大直径处较薄的橡胶受到拉伸增加得多一些，而小直径处较厚的部分，由于内部应力的作用，受到限制增长得要少一些。这就是在大小直径处热膨胀系数不同的原因，但是根据经验可以确定，或查阅设计说明。在实际运行条件下，评价橡胶的热力学机理和合理设计部件的大小，有限元分析是一个很好的工程工具。然而，最可靠的结果是从试验数据得到的。当得到大量有关螺杆泵和螺杆钻具的设计和应用经验后，在运行温度下预测和设计这些零件的正确配合将变得更加精确和可靠。

八、性能：运行特性

根据前面讨论的，单位流量（$q_0 = Q/v$）是一个很重要的特征参数，它可以用来描述驱动轴每转动一周的流量（即加仑每转，gal/r）。对于任何旋转的设备或其他容积（PD）泵来说，单位流量是基本参数。因为 q_0 同腔室的几何形状有关，一个简单的计算腔室的体积方法在前面已经提到了[见方程（3）和（4）]，在压力为零时泵流量：

$$Q_0 = q_0 P_s N_r / 231 \tag{44}$$

如果通过泵的压差不是零,那么必须对滑脱进行修正。然而,对于中高黏度流体这个修正量很小,方程(44)仍可进行近似计算。

滑脱如图4-16所示。泵的流量和体积效率是:

$$Q = Q_0 - Q_{滑脱},而且 \eta_{泵体积} = Q/Q_0 \tag{45}$$

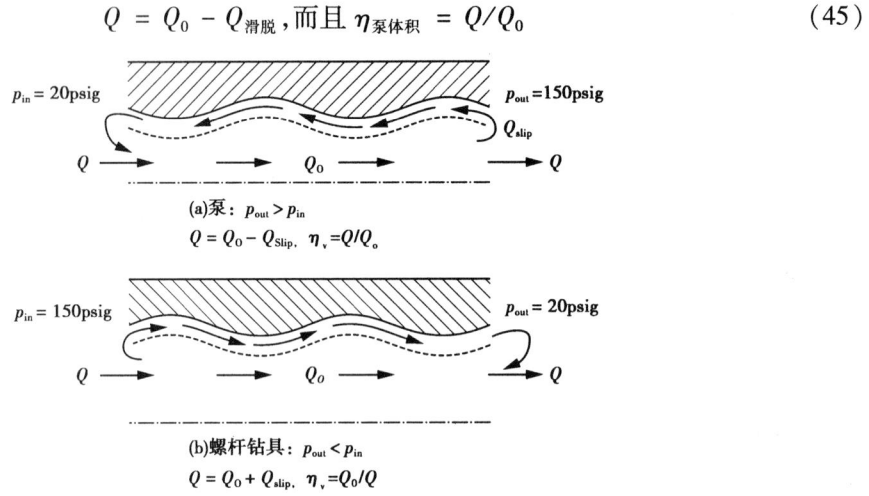

图4-16 螺杆泵和螺杆钻具的滑脱(漏失)及体积系数

对于螺杆钻具:

$$Q = Q_0 + Q_{滑脱},而且 \eta_{螺杆钻具体积} = Q_0/Q \tag{46}$$

同所有容积机械(流量同速度成正比)一样,扭矩的计算公式为:

$$\begin{aligned} T &= (Q/v) \times (\Delta p \times 231)/(24\pi) \times \eta \\ &= q \times (\Delta p \times 231)/(24\pi) \times \eta \end{aligned} \tag{47}$$

在美国使用的物理量单位是:流量是 gal/min;转动速度是 r/min;压力是 psi;扭矩是 ft·lbf。和其他类型泵(离心泵)比较,这类泵的综合效率 η 通常很少能够计算出来。相反,体积效率已经成为比较这些机械性能的一个常规参数。然而,当把螺杆泵同其他类型的泵进行比较时,综合效率仍然是一个重要的因素。它考虑了所有的漏失,包括由于滑脱(体积的)产生的漏失,流体摩擦(水力的)以及机械造成的漏失,如转子和定子之间的过盈配合造成的摩擦力。注意,水力漏失和机械漏失经常是联合在一起的。

流体功率(P_f,见参考文献3)等于

$$P_f = \Delta p \times Q/1714 \tag{48}$$

对于泵,流体功率与总功率之比是效率。对于螺杆钻具,有用的功率是水力功率,总功率 P_b 是供给功率(即大于流体功率),因此,

对于泵:$P_b = P_f/\eta$

对于螺杆钻具:$P_b = P_f \times \eta$

机械扭矩同功率的关系是:

$$P_b = T \times v_{转}/5252$$

从上面的方程中,我们可以看出,扭矩由通过泵或螺杆钻具的压差决定,同流速和流量无关,因为 $q = Q/v_{转}$ 是常数(忽略滑脱修正)。泵和井下螺杆钻具性能曲线的例子见图 4-17。

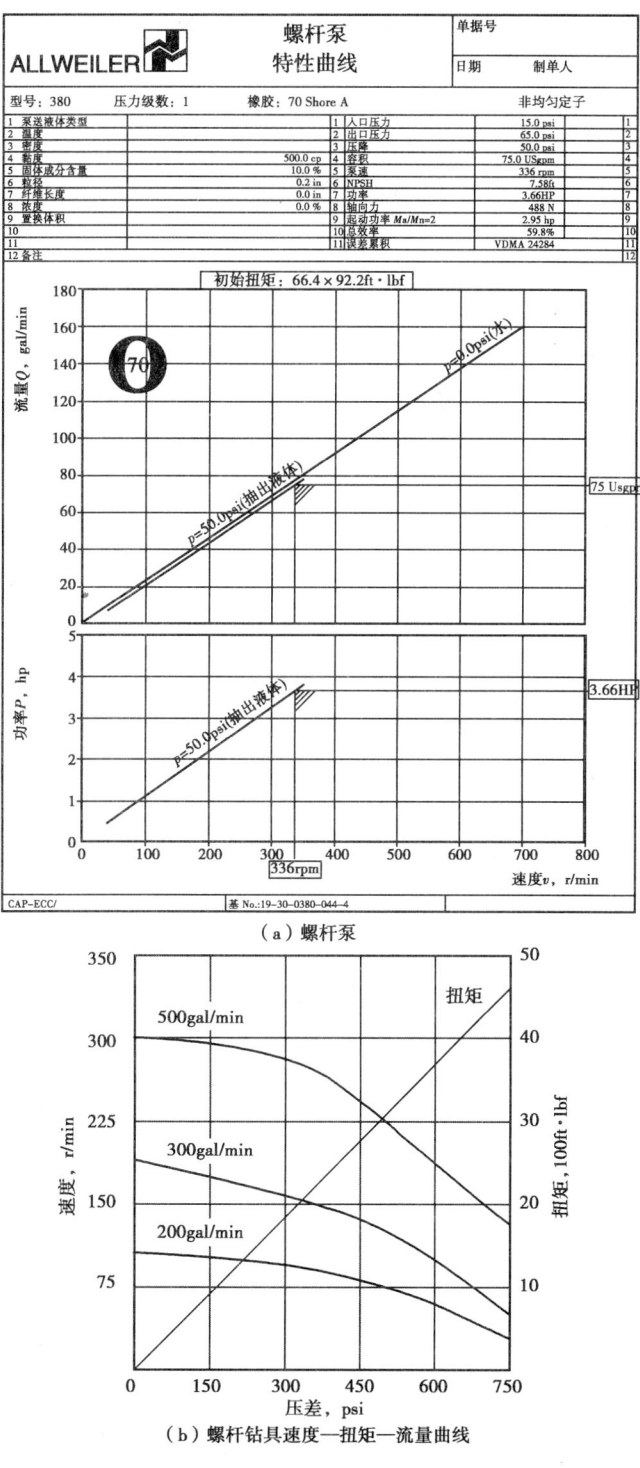

(a) 螺杆泵

(b) 螺杆钻具速度—扭矩—流量曲线

图 4-17 性能曲线实例

九、如何获得某一给定设计的性能特征曲线

为满足特殊客户或使用者的技术要求,所进行的地面螺杆泵、井下螺杆泵或螺杆钻具的设计超出了本书的范围。像这样的设计工作需要由泵和电动机的设计工程师借助电脑程序、经验方法、工厂检测以及油田进行的可靠性试验反馈的信息来不断完善(见参考文献4)。

然而基于已知几何尺寸的性能评价是简单的,只需要泵或螺杆钻具的一些基本尺寸。如果转子和定子的大小直径可以测量,同时定子螺距已知,那么一套完整的运行特性可以通过合理的计算预测出来。

十、实例

1. 实例1:根据已知的测量尺寸进行性能评估

分析一个用于油井钻井的螺杆钻具设计。转子由镀铬钢制造,定子管内衬是由硬度为70的丁腈橡胶制成。管子外径为6.75in。螺纹比5:6,五级装置。设计流体运行温度是212°F。已知这个装置的尺寸如下:

定子:
$D_m = 3.762$ in
$D_j = 5.055$ in
$P_s = 26.666$ in

转子:
$d_m = d_{mo} = 3.087$ in(假设等于理论值)
$d_j = d_{jo} = 4.388$ in
$P_r = 22.17$ in
$e = (d_{jo} - d_{mo})/4 = (4.388 - 3.087)/4 = 0.325$ in
$r = (d_{jo} - 2N_r e)/2 = [4.388 - (2 \times 5 \times 0.325)]/2 = 0.568$ in
$r/2e = 0.568/(2 \times 0.325) = 0.87$ in(有时候低于常规值,$r/2e = 1$)

衬芯尺寸(油田上的用户可能不熟悉衬芯的尺寸,但在这里给出一些说明):

$$X_m = 3.684 \text{in}$$
$$X_j = 5.026 \text{in}$$
$$P_{core} = P_s = 26.666 \text{in}$$

根据前面推导的方程式,我们首先可以计算出在冷却(即常温)条件下转子/定子配合:

$$D_{mo} = (d_{mo} + d_{jo})/2 = (3.087 + 4.388)/2 = 3.738 \text{in}$$

由方程(30)得:

$$D_{jo} = (3d_{jo} - d_{mo})/2 = (3 \times 4.388 - 3.087)/2 = 5.039 \text{in}$$

由方程(31)得:

$$2c_{m,cold} = D_m - D_{mo} = 3.762 - 3.738 = +0.025 \text{in}$$
$$2c_{j,cold} = D_j - D_{jo} = 5.055 - 5.039 = +0.017 \text{in}$$

注意：在暴露于实际运行温度之前，转子和定子之间有间隙（正配合）。

为了预测在实际运行温度中的性能，我们需要确定线性膨胀系数。$60 \times 10^{-6} \text{in}/(\text{in} \cdot \text{°F})$ 是丁钠橡胶线性膨胀系数的典型值。然而我们正好有一些关于衬芯尺寸的信息（在油田中通常是用不到的），能够更好地评价橡胶的热性能。图4-18说明了在工厂制造定子过程中热变化的机理。利用这些数据，根据注入温度下橡胶厚度（当它充填到管子内径和衬芯之间的空隙时）和外部条件下橡胶厚度的差值，计算橡胶的收缩量。

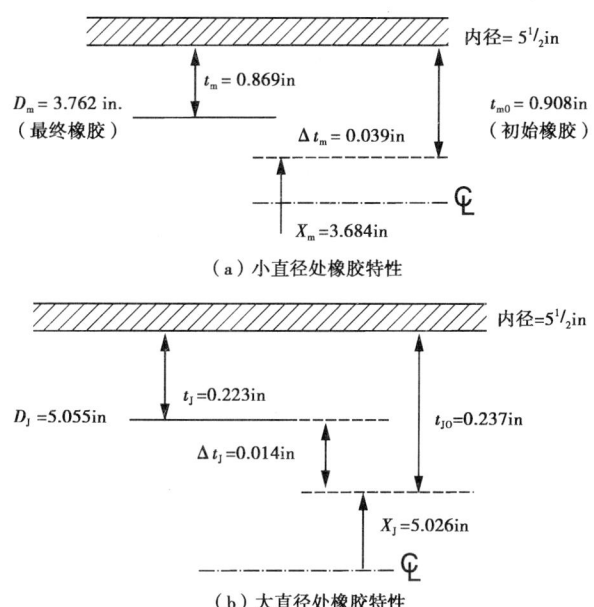

图4-18 在注入过程（350°F）及冷却到室温（80°F）过程中弹性体的收缩
（$\Delta T = 350 - 80 - 270 \text{°F}$）

注入过程温度大约在350 °F，假设环境温度是80 °F[参考方程(38)~方程(43)]。
在图4-18中，根据最小直径：

$$\varepsilon_m = (\Delta t_m)/(\Delta T \times t_{mo}) = 0.039/[(350 - 80) \times 0.908]$$
$$= 159 \times 10^{-6} \text{in}/(\text{in} \cdot \text{°F})$$

根据最大直径：

$$\varepsilon_j = (\Delta t_j)/(\Delta T \times t_{jo}) = 0.014/[(350 - 80) \times 0.237]$$
$$= 219 \times 10^{-6} \text{in}/(\text{in} \cdot \text{°F})$$

经验值$60 \times 10^{-6} \text{in}/(\text{in} \cdot \text{°F})$低于最大和最小直径处的热膨胀系数。我们将要用到哪些值呢？在这种情况下，建议使用下面的分析方法。对于老式的，得到实践证明的设计，基于收缩量的方法看起来是更好的选择。因为这些数据来源于大量的实际处理过程，为热膨胀系数值的确定，提供了足够的统计数据，奠定了很好的基础，在最小（ε_m）和最大（ε_j）直径处，热膨胀系数值是不同的。

然而，对于一个新设计来说，有效的统计示例还没有收集，初始方法的错误和波动都可能使结果偏离。在这样的情况下,最好使用比较常用、膨胀系数值已经确定、在过去类似设计中已经使用的橡胶类型。因此我们用 $60 \times 10^{-6} \text{in}/(\text{in} \cdot \text{°F})$ 来评价在212°F的实际运行温度下,油田使用的橡胶的性能。

$$\Delta t_m = 0.908 \times (212 - 80) \times 60 \times 10^{-6} = 0.007 \text{in}$$

$$\Delta t_j = 0.223 \times (212 - 80) \times 60 \times 10^{-6} = 0.002 \text{in}$$

运行配合(在应用环境温度下):

$$2c_{m,hot} = +0.025 - 2 \times 0.007 = +0.011 \text{in}$$

$$2c_{j,hot} = +0.017 - 2 \times 0.002 = +0.013 \text{in}$$

在工业上,关于什么决定泵的运行配合的问题仍然是有争执的,取决于泵的大小、橡胶、泵送流体的化学性质、启动和运行扭矩,可靠性和使用寿命,以及其他方面。通常小配合是较好的启动方法,在得到油田的实际数据后再对设计进行调整。这是比较安全和保守的方法。如果出现问题,由于在低扭矩下运行,这个装置仍然可以运行,暂时不会失效。相反,如果初始配合很紧,可能会产生灾难性的问题或启动问题。

在我们的例子中,212°F的运行温度只是一个估计值。对于一个运行在几千英尺深度下的螺杆钻具而言,在实际钻井之前很难知道实际温度状况。如果钻井液温度高于估计值,会导致配合过紧;若温度低于估计值,在地面的跟踪设计中要调整设计来缩小配合,因此,在运行条件没有确定的时候,进行初始试验,最好选择小配合。

为了计算性能指标,腔室面积[从方程式(18)]:

$$\begin{aligned} A_f &= \pi/8 \times (D_j^2 + D_m^2 - d_j^2 - d_m^2) \\ &= \pi/8 \times (5.055^2 + 3.762^2 - 4.388^2 - 3.087^2) \\ &= 4.29 \text{in}^2 \end{aligned}$$

那么流量:

$$q_0 = A_f P_s N_r / 231 = 4.29 \times 26.666 \times 5/231 = 2.40 \text{gal}/\text{r}$$

最大轴速的选择取决于许多因素,有管径、螺纹数以及运行条件的函数。必须根据经验进行选择。一般情况下,为了增加故障平均间隔时间,对于螺杆钻具而言,建议使用低转速[见参考文献5,虽然进度(钻速)要减慢些]。当钻速处于临界值(即如果工作很快,总生产时间低于螺杆钻具的故障平均间隔时间)才使用高转速。在这种情况下,牺牲橡胶寿命有利于缩短钻井时间。所有的决定必须基于设备经济的初期投资和设备由于起钻及反转等失效的时间。由我们经验可知,在满负荷情况下,可以选择250r/min作为最大值。在无载荷条件下,由于容积的无效(滑脱),这个速度值会更高。

螺杆钻具的容积效率一般在80%~90%范围之内(见参考文献6)。容积效率值太高可能存在潜在的磨损问题,而容积效率值很低意味着配合不够。用80%作为合理的推测值,我们可以得到:

$$v_0 = v/\eta = 250/0.8 = 312 \text{r}/\text{min}$$

$$Q_0 = q_0 \times v = 2.40 \times 312 = 740 \text{gal}/\text{min}$$

因此,通过地面供给装置,每分钟输送 740gal 的流量给螺杆钻具。注意:对于螺杆钻具而言,滑脱导致通过腔室的流量减少,使满负荷情况下的转速降低。相反,对泵而言,速度是恒定的,等于驱动速度,泵的流量随着负荷而减少。换句话说,对于螺杆钻具,流量引起转动,而对于泵,转动导致流量。

全部最大压降取决于经验确定的每级压差。螺杆钻具的每级压差是 125 psi,泵的每级压差是 75 psi。由于在钻井过程中,完成钻井工作的时间比地面安装螺杆泵的时间要重要得多,螺杆钻具可以有更高的容许值。螺杆钻具昂贵且对井下设备的要求多。一般的油井钻井作业需要一到三个月,而比如安装在造纸厂的一个普通的螺杆泵需要维持很多年,而且经常有备用装置。

由于井眼尺寸的限制,螺杆钻具的全长和直径比同等的地面螺杆泵的全长和直径更关键(见参考文献7),这是在较短的长度内放宽较高压力、扭矩和动力限制的另一个原因。在我们的例子中,五级(五个定子螺距)设计将允许 5 × 125 = 625 psi 的压差。如果在不同的速度下,都用同种方法计算,得到的特征曲线类似于图 4 – 17。

最后,假设总效率是 75%,则扭矩是:

$$T = q \times \Delta p \times 231/(24\pi) \times \eta$$
$$= 2.40 \times (625 \times 231 \times 0.75)/(24 \times 3.14)$$
$$= 3550 \text{ft} \cdot \text{lbf}$$

2. 实例 2:如果转子/定子不匹配,那会发生什么?

假设为了满足顾客的需求,生产厂家的生产计划经理检查存货清单,试图找到适合的螺杆钻具的动力部分,以便快速交货。有几个可利用的备用定子(同实例1),但是没有更多的转子。不过,可以找到螺距相同,而大小直径不同的转子:

$$d_{\text{mo}} = 3.133 \text{in}(对应需要的 3.087\text{in})$$
$$d_{\text{jo}} = 4.343 \text{in}(对应需要的 4.388\text{in})$$

这个转子能够用到例 1 所描述的情况吗?计算冷配合:

$$2c_{\text{m,cold}} = 3.762 - (4.343 + 3.133)/2 = +0.024\text{in}$$
$$2c_{\text{j,cold}} = 5.055 - (3 \times 4.343 - 3.133)/2 = +0.107\text{in}$$

对于热环境下(在螺杆钻具位置钻井液的温度是 212℉),其运行配合是:

$$2c_{\text{m,hot}} = 0.024 - 2 \times 0.007 = +0.010\text{in}$$
$$2c_{\text{j,hot}} = 0.107 - 2 \times 0.002 = +0.103\text{in}$$

注意:井下环境的温度不同于动力部分的钻井液温度,但由于二者的温度差很小,所以经常被忽略。

在大小直径处的配合有明显的差别,在大直径处的间隙(+ 0.103in)似乎过大。无论如何,大直径处的配合要小于小直径处的配合(根据等应力理论,为了产生相等的相对配合,小直径处的厚橡胶膨胀得多,比大直径处有较大的过盈):

$$c_{\text{m}}/c_{\text{j}} \sim t_{\text{mo}}/t_{\text{jo}}, 或 c_{\text{m}}/t_{\text{mo}} \sim c_{\text{j}}/t_{\text{jo}}$$

当然,这个理论适用于有过盈的情形(负配合),不适用于间隙配合,这里的情况就是这样。如果已钻井眼的温度高于估计值,配合将更紧密——小直径处将产生过盈配合,而大直径处仍然保留有间隙——沿着密封线留有中间点。最终结果很难预测。最终的应用条件可能需要对设计进行改进。比如,当得到更多的有关应用条件的资料时,磨损可能会是一个考虑的问题,同时速度可能需要降低(见参考文献8,9)。也许这个装置在试验中可以使用,但是因为性能未知,无法保证能够得到推广。

3. 多螺纹同单螺纹相比:哪个性能更好?

钻井的操作人员知道,螺纹多的螺杆钻具比螺纹少的螺杆钻具强劲,产生的扭矩和动力更大。请相信,螺纹数越多,螺杆钻具的动力越强。这是事实——螺纹比为8∶9的装置比2∶3的装置要产生更多的流量和更大的扭矩。为什么呢?

很难找到一个实际安装的例子去严格比较只有螺纹比发生变化时的影响,因为其他参数通常也不同,比如螺距、配合等。这是因为对于同样流量和流速,螺纹数越多,允许螺距越小,从而节省了整个装置的长度。要想真正了解只有螺纹比变化的影响,我们必须保持其他参数不变,例如有同样的输入转速、同样的螺距、同样的配合、同样的 $r/2e$ 比值,同时要用同样的管子。使用同样的管子内径意味着同样的定子大直径(保证相同的最小橡胶要求厚度)。这将需要改变定子的小直径尺寸,以及转子的大小直径。这些变化将影响净过流面积,同时需要选择新的螺纹数量,这就会产生不同的单位流量 q,因此产生不同的扭矩。

尽管在文献中很少得到证明,但数学关系相对容易,而且可以依据前面用于几何计算和性能评价而推导的方程。分析在例1中讨论的螺纹比为5∶6的设计。

定子(管内径 $r_i = 5.5\text{in}, N_s = 6$):

$D_{jo} = 5.039\text{in}$(理论上,根据例1中计算出来)

$D_{mo} = 3.738\text{in}$

$P_s = 26.666\text{in}$

$e = 0.325\text{in}$

$r = 0.568\text{in}$

$r/2e = 0.87$(小于常规值 $r/2e = 1$)

转子($N_r = 5$):

$d_{jo} = 4.388\text{in}$

$d_{mo} = 3.087\text{in}$

让我们研究一下如果螺纹比变为9∶10($N_r = 9, N_s = 10$)会发生什么。最初在例1中,螺杆钻具的流量是 $q = 2.40\text{gal/r}$。因为螺纹数发生改变,偏心距将发生改变,根据前面推导出来的几何关系[方程(9),整理得]:

$$e = D_{jo}/[2 \times (N_s + 2r/2e)] = 5.039/[2 \times (10 + 2 \times 0.87)] = 0.214\text{in}$$

如前面所提到的,为了一致性,我们同样令 $r/2e = 0.87$。因此:

$$r = (r/2e) \times 2e = 0.87 \times 2 \times 0.214 = 0.376\text{in}$$

变化的偏心距使定子的小直径也发生改变。定子的小直径将增大,首先帮助增大了过流面积:

$$D_{mo} = D_{jo} - 4e = 5.039 - 4 \times 0.214 = 4.183\text{in}$$

接下来,新的转子直径同新的定子配合,将变为:

$$d_{jo} = 2N_r e + 2r = 2 \times 9 \times 0.214 + 2 \times 0.376 = 4.604\text{in}$$
$$d_{mo} = d_{jo} - 4e = 4.604 - 4 \times 0.214 = 3.748\text{in}$$

净过流面积:

$$A_f = \pi/8 \times (5.039^2 + 4.183^2 - 4.604^2 - 3.748^2) = 3.0\text{in}^2$$

最终单位流量:

$$q_o = A_f P_s N_r / 231 = 3.0 \times 26.666 \times 9/231 = 3.12\text{gal/r}$$

由于下面的原因,净过流面积增加($3.12/2.4 \approx 1.3$,即30%)与转子的螺纹数增加是非线性关系。转子螺纹数对净过流面积有很大的影响($9/5 = 1.8$),但是净横断面积 A_f,实际上是减小了($3.0/4.15 = 0.72$)。因为,流量受两者的影响,q_o 的净增量是综合影响的结果:螺纹数的增加对流量的影响较大(流量增加),而净横断面积的减少使流量趋于(即某种程度上阻止了净流量的增加)。实质上,转子"章动"影响是明显的:在相同的输入轴的转速下,转子围绕定子中心的转动(即"章动")速度乘以 v_n,导致($v_n/v_{转}$)流量增加,但实际上由于过流面积的减小而改变。

从不同转子和定子参数的相对影响的观点来看,应该观察到,当定子的大直径不变($5.039/5.039 = 1$),小直径增加 $4.183/3.738 = 1.12$(12%);转子的大直径增加 $4.604/4.388 = 1.05$(5%),同时转子的小直径增加 $3.748/3.087 = 1.21$(21%)。换句话说,转子直径的增加比定子小直径增加得快,堵塞过流面积。定子小直径增加,而定子的大直径保持不变,对过流面积有负影响。

原则上,如果我们连续增加螺纹比到无限大,转子的轮廓和定子的横断面开始接近圆形(见参考文献10),任何在面积上的进一步变化都可以忽略。然而,当转子螺纹再加倍时,单位流量 q_o 将加倍。如果绘制不同螺纹数下的单位流量(正比于扭矩)曲线,图4-19中所示的关系就会变得很明显了。

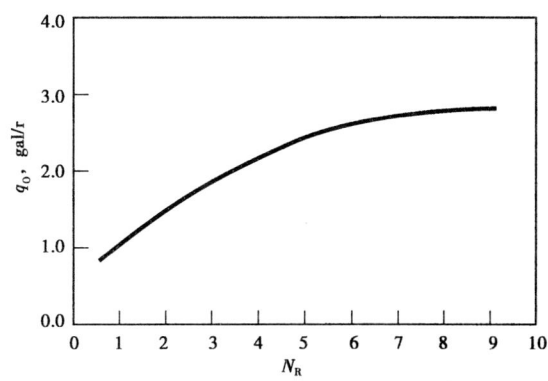

图4-19 螺纹数和单位流量 q_o 及扭矩 T 之间的关系

第5章 设　　计

在第4章中,我们从螺杆泵结构和运转的基本原理方面对螺杆泵机械特性进行了介绍。建立了偏心距、螺距、结构圆、大小直径等参数之间的几何关系以及一些公认的术语。这些关系式是从那些基本原理推导出来的,形成了这些机械设备应用准则的基础。

第5章将这些应用准则、理论原理与经验丰富的泵设计人员的经验以及基层用户的经验进行比较,最终在油田上形成这些设备的经验数据库和通俗易懂的最佳优化方法。

一、主要设计参数

在第4章中提到的所有设计参数中,只有一小部分关键参数是从应用的角度要求的。这些参数是:偏心距、转子和定子的大小直径、转子和定子的螺距。图5-1显示的是螺杆泵典型定子的几何形状。参考第4章中图4-10和后面的文字,介绍了转子和定子几何参数之间关系式的确切推导过程,以及实际与理论(零配合)直径的差异。

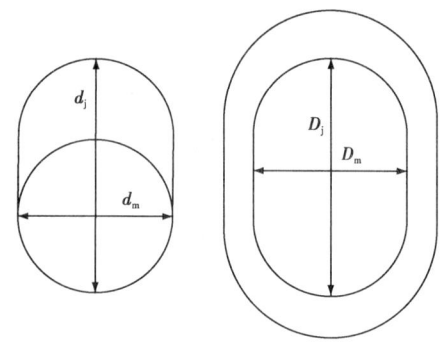

图5-1　螺杆泵典型定子几何形状
（科尔法克斯泵集团制造）

在第4章中,在讨论定子衬芯直径时,我们简要地描述了定子橡胶厚度以及制造过程中或者运行状态下受热膨胀时厚度的变化。我们没有讨论如何确定橡胶厚度的实际值,但是从设计和应用角度来说,这是十分重要的。一方面,橡胶的厚度应该足以缓冲和尽可能减小运行中转子在定子内滑动时产生的应力,尤其是有较大过盈量的情况下;另一方面,如果橡胶衬套太厚它可能压缩很多,导致流体从排出口渗漏（滑脱）到吸入口,使泵的性能变差,但是橡胶太"海绵质"也不能阻止渗漏。因此,除了精确的几何参数（偏心距、大小直径和螺距）之外,橡胶厚度是设计者在泵特殊工作条件下必须考虑的另一个关键参数。

其他重要参数是过流面积、腔室体积、平均流速、最大质点速度和最大摩擦速度。这些参数中的一些在第4章中进行了推导,但做了一些假设。例如,过流面积（参见图4-11）是在假定波峰和波谷的面积相等的条件下推导的,但是这种假设是在允许的误差范围内。由于螺杆泵机械的形状复杂,最好的方法是设计完成后实际测量一下定子和转子某一截面的净过流面积。

另一方面,质点速度的研究是纯经验的,是基于多年的历史和经验,这些经验为不同运行条件和构造材料的选择提供了可靠的指导。因此,选择流速、摩擦速度和质点速度进行几何参数设计,才能延长螺杆泵的机械寿命和获得良好的可靠性。直接影响这些速度的三个参数是偏心距、大小直径、螺距。图5-2~图5-4说明了螺杆泵三个速度的概念。

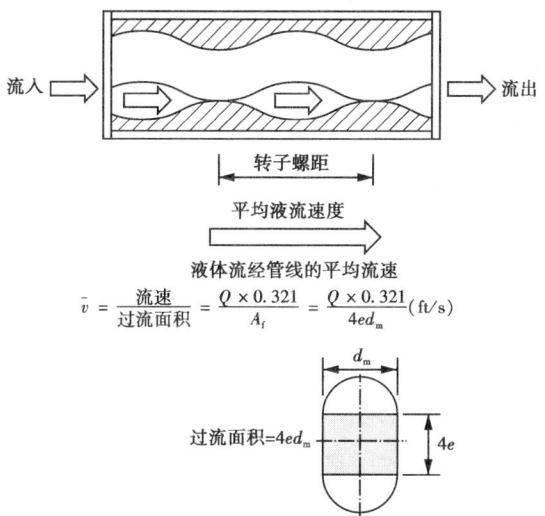

液体流经管线的平均流速

$$\bar{v} = \frac{流速}{过流面积} = \frac{Q \times 0.321}{A_f} = \frac{Q \times 0.321}{4ed_m}(\text{ft/s})$$

注意：通过泵的平均流体速度是很重要的，因为它对磨损有影响。流速太高产生磨损，流速太低，使固体沉积而引起磨蚀。

图 5-2 平均流速

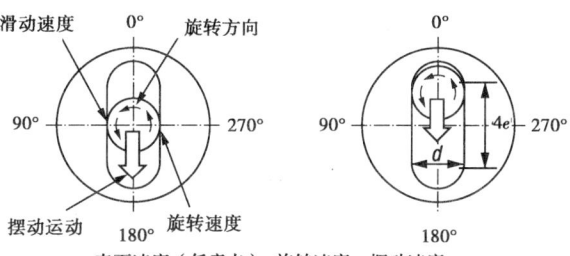

表面速度（任意点）= 旋转速度 ± 摆动速度
　　　　　　　　　　（恒量）　　（变量）

最大摩擦速度产生在"A"点

注意：转子摩擦定子的速度对定子和转子的磨损速度有很大的影响。在转子旋转过程中，摩擦速度不是恒定的，在围绕定子螺纹的不同点有最大值和最小值。外部摩擦速度等于围绕定子螺纹圆周的线形距离除以转子旋转一周所用的时间。

图 5-3 摩擦（表面）速度

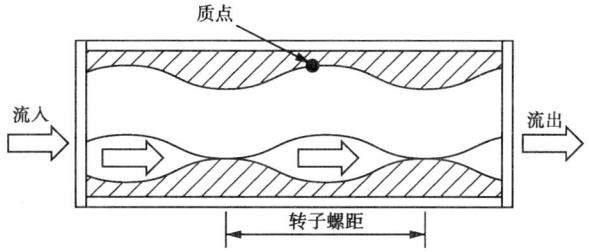

质点运动的最大速度在定子大直径的端部

$$最大质点速度 = \frac{v_{定子} \times \sqrt{\pi^2(4e + d_{m0})^2 + p_R^2}}{229} = (\text{ft/s})$$

注意：最大质点速度是一个很重要的参数，它影响黏稠液体的处理和气蚀特性。

图 5-4 最大质点速度

从图 5-3 可以看出,摩擦(表面)速度是两部分的和(或者差):旋转速度和摆动速度。旋转速度是常量,而摆动速度是变量。摆动速度在中间位置(中心)达到最大,在末端(顶端和底端位置)减小到零。然而,摆动速度的平均值就是每转动一次转子前后摆动的距离乘以每分钟转数(r/min)。每旋转一次摆动的距离等于 $4e \times 2$(上和下)。旋转速度是角速度乘以半径(小直径的 1/2)。这是美国的计量单位(直径单位用英寸表示,用适当的系数进行转换)。

在美国单位制中:

$$v_{转子} = v_{转} \times d_m/229 \text{ft/s}$$

$$v_{tran} = 8e \times v_{转}/12 \text{ft/s}$$

$$v_{surf} = v_{转} \times d_m/229 \pm 8e \times v_{转}/12$$

$$= v_{转} \times (d_m/229 \pm 8e/12) \text{ft/s}$$

对于最大质点速度,图 5-4 描述了离中心线最远处的质点的运动速度(最高的转动速度)。图 5-4 也表示了转子携带质点通过的距离。(即转子螺距)。

二、重要比值

正如我们在第 4 章中介绍的,螺杆泵几何剖面图的制作从选择构造圆 d(d_r 表示转子,d_s 表示定子)开始。如图 4-10 所示,离心率 e 和螺纹半径 r 是单独选定的,e 和 r 的比值产生的几何图形是一个圆滑的剖面图或者有更多明显的波峰(见图 4-11)。因此,比值 $r/2e$ 是衡量剖面图峰化程度的参数。对于多数常规设计,取 $r/2e = 1$,但是并非都是这样的。

当设计完成和实际的装置制造出来,构造圆的直径就不再能直接测量出来了;只有大小直径和螺距能被测量。设计者的参数($r/2e$)被应用工程师的参数(d_m/e)所代替。检查图 4-10,很容易看出:

$$d_m/e = (d_{root} + 2r)/e = (d - 4e + 2r)/e = d/e - 4 + 4(r/2e)$$

或者,用 $d = 2eN_r$ 替代,我们得到:

$$d_m/e = 2eN_r/e - 4 + 4(r/2e) = 2N_r - 4 + 4(r/2e)$$

对于给定螺纹比的设计,在比值 $r/2e$ 和 d_m/e 之间有直接的关系式。对于给定的常规泵尺寸(即给定 d_m),选择比值 d_m/e 设置偏心距 e。

如图 4-14 所示,对于单螺纹设计的特殊情况(大多数螺杆泵是单螺纹,$N_r = 1$):

$$d_m = 2r$$

当螺纹半径 r 被设置等于偏心圆的直径 $2e$ 时:

$$d_m = 2r, r = 2e, d_m = 4e$$

或者,表示成比值:

$$d_m/2r = 1, r/2e = 1, d_m/e = 4$$

另一个用到的独立参数比值是 P_s/e。根据上述逻辑,一旦获得偏心距 e,定子螺距 P_s 能够计算出来,等于偏心距 e 乘以比值 P_s/e。由于转子螺距是定子螺距和螺纹比的函数,这样就能够计算出转子螺距。余下的定子和转子的几何参数也能计算出来,根据图 4-12 中的方程式,计算液流的横截面积。也可以计算出单位流量(gal/r),它与液流面积有直接关系。

总之,选定一个直径参数(尽管任一其他直径也可以,但通常选择转子小直径 d_m)和两个关键比(d_m/e 和 P_s/e)就能唯一确定螺杆泵的特性参数。

选定 d_m/e 和 P_s/e 就能够确定泵(或螺杆钻具)的几何参数,并作为同一螺纹比下的"定参数"设计。这意味着有两种设计,每一种设计有不同的 d_m,但是有相同的比值(d_m/e 和 P_s/e)。这两种设计图形相同,参数不同(成比例),如图 5-5 所示。因此,定参数设计能够使它们的几何尺寸正比于常规尺寸的比值(它们的小直径比值),放大或缩小。

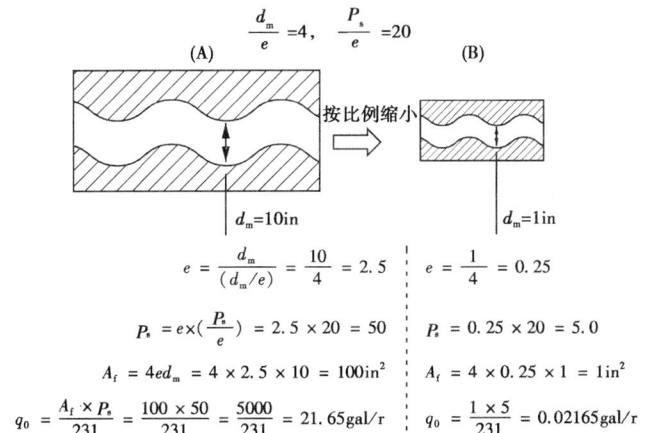

图 5-5 螺杆泵机械的协调关系

这也解释了与小排量泵相比大排量泵的转速必须减小的原因。磨损速度影响螺杆泵的使用寿命,这是定子和转子之间的相对运动(摩擦)以及流体流经内部通道的相对运动的作用结果。后者由于流体携带固体和内部界面(定子和转子之间)的作用而加剧。较高的内部速度减少了泵的使用寿命,而低速可以延长泵的使用寿命。因此,相同的速度导致相同的使用寿命。这就是任何类型的大泵磨损更快的原因,因为速度正比于转速和线性尺寸(比如直径)的乘积。因此,大泵的转数必须减小才能获得同小泵一样的使用寿命。我们能够做出结论,在所有其他条件相同的情况下,相等的内部速度使泵的使用寿命相等(图 5-6)。

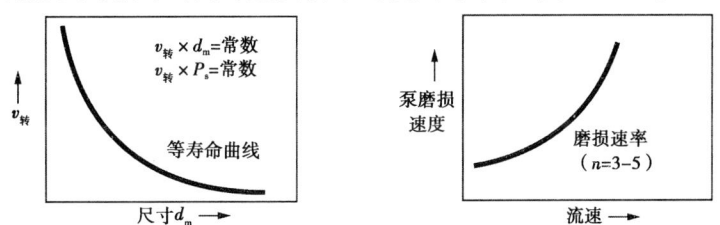

图 5-6 流速与磨损速率关系

为了说明这一点,以单螺纹螺杆泵的内部速度为例进行分析。过流面积,如图 5-2 所示,等于:

$$A_f = 4ed_m$$

腔室体积是：
$$v = A_f \times P_s = 4ed_m P_s$$

上式也等于泵每转的流量。因此，流量是：
$$Q = v \times v_{转} = 4ed_m P_s \times v_{转}$$

平均流速 $\bar{v}$ 等于流量除以过流面积：
$$\bar{v} = Q/A_f = P_s \times v_{转}$$

因此，对于恒定的磨损率（相同的使用寿命），$\bar{v}$ 一定是恒定的：
$$v_{转} = \text{const}/P_s$$

对于定参数设计（相同的比值 d_m/e 和 P_s/e），
$$P_s = e \times (P_s/e) = d_m/(d_m/e) \times (P_s/e) = d_m \times \text{const},$$

或者
$$v_{转} = \text{const}/d_m$$

通过分析磨损速度和最大质点速度的方程式能够得到相同的结论。如图 5-3 和图 5-4 所示。

上述分析表明，为了获得相同的使用寿命，泵的转速必须随泵的尺寸的增大而减小（即转速直接影响设备可靠性和故障平均间隔时间）。

这里要注意，相同速度导致相等的使用寿命，而不等的速度也不一定会导致使用寿命与速度之间呈线性关系。实际上，设备磨损速率和速度之间确切的关系是复杂的，包括物质材料磨损现象的独立研究。磨损速率和流速（还有摩擦）之间一般呈指数关系。

$$v_{磨损} \sim v_{流}^n$$

指数 n 变化范围，一般 $n = 3 \sim 5$（参见图 5-6）。

三、参数比值的变化及其对泵特性和寿命的影响

上面有关不同尺寸的泵的性能和可靠性（通过磨损率）的讨论，有一个相同的关键参数比值。可以看出，不同尺寸的泵要想获得相同的磨损速率，参数相近的泵的转速必须改变。

然而，对于相同尺寸的泵，如果关键参数比是变化的，就可以改变其他性能因素，以增加泵的寿命：例如给定的转数下（例如，使用同样的电动机）可能增加或减少过流量，改变扭矩大小（对于螺杆钻具是一个重要方面），减少振动，或者改善自启动能力。

一些目标可能是冲突的，也就是说某一方面性能参数改善了，同时会给其他方面性能参数带来负面影响。关键参数比对泵运行时的不同性能参数的影响因素将在下面讲述。

1. 直径与偏心距比值（d_m/e）

相同的过流能力（单位流量相同，或者相同转数下流量相等）能够用无限多的不同的 d_m/e 比值来实现（图 5-7）（假设同样的螺距、同样的管径和最小的橡胶厚度）。如果纯过流面积保持恒定，同时 d_m/e 比值相同的条件下，这种情况是可能发生的。

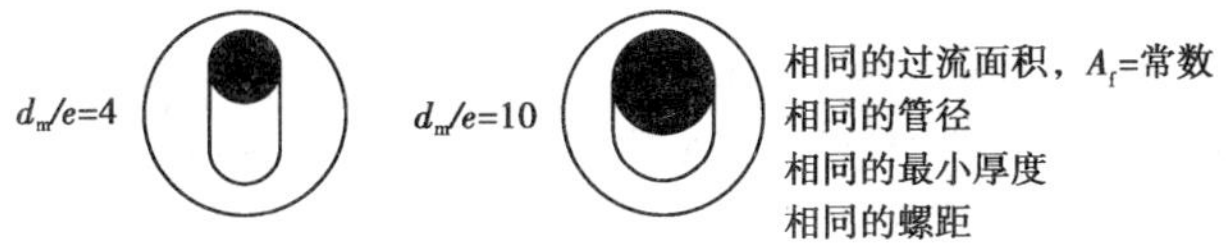

$$A_f = 4ed_m \times \left(\frac{d_m}{d_m}\right) = \frac{4d_m^2}{(d_m/e)} = 4ed_m\left(\frac{e}{e}\right) = 4e^2(d_m/e)$$

$$d_m = \sqrt{\frac{A_f \times (d_m/e)}{4}}, \quad r = \frac{d_m}{2} = \sqrt{\frac{A_f \times (d_m/e)}{4}}$$

$$e = \sqrt{\frac{A_f}{4(d_m/e)}}, \quad r^2 = \sqrt{\frac{A_f \times (d_m/e)}{16}}$$

$$r^2 e = \frac{A_f \times (d_m/e)}{16} \times \sqrt{\frac{A_f}{4(d_m/e)}} = \frac{(A_f)^{3/2}}{32}(d_m/e)^{1/2}$$

根据上述关系式：

$$d_m = \text{const} \times (d_m/e)^{1/2}$$

$$e = \frac{\text{const}}{(d_m/e)^{1/2}}$$

$$r^2 e = \text{const} \times (d_m/e)^{1/2}$$

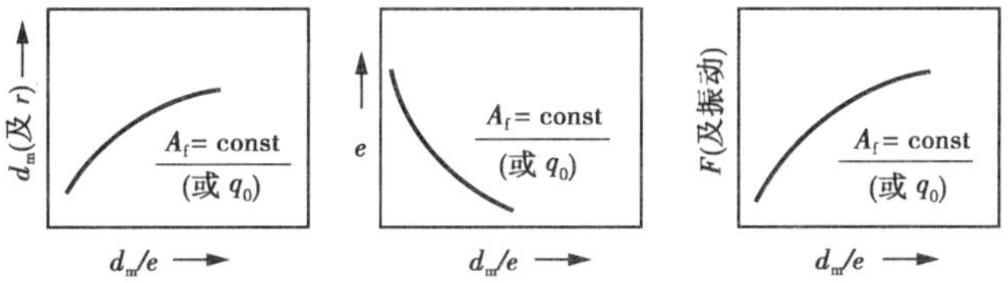

图 5-7 d_m/e 与振动的关系

这对泵振动有很大的影响。因为螺杆泵的转子不是垂直的，所以它是不平衡的；因为以偏心距的距离偏置，所以它们围绕定子中心"章动"。引起振动的离心力等于转子质量（或重量）乘以转速的平方，再乘以偏心距：

$$F \approx W \times v_{转}^2 \times e \approx A_{转子} \times P_r \times v_{转}^2 \times e \approx (r^2 \times e)$$

因为我们是在对比具有相等螺距的转子，为了对比，应该考虑转子在一个螺距长度部分的重量。这部分重量等于转子横截面积乘以螺距。图 5-7 在 B 情况下转子的横截面积（r^2 或 d_m^2 的函数）大于 A 情况下的横截面积。另一方面，B 情况下的偏心距也大。我们可以得出结论，乘积（$r^2 \times e$）是衡量由于泵振动而产生的离心力的参数。

如果管柱内径保持不变，随着 d_m/e 比的增加力和振动增大。然而，对于高 d_m/e 比值减小摩擦会增加弹性体的使用寿命。

可以证明，r^2 使离心力增加的影响远大于较小的 e 使离心力降低的影响，这就使小偏心距转子的 $r^2 \times e$ 值较大。换句话说，对于给定的净过流面积，d_m/e 比值越大，不平衡力就越大。假如 d_m/e 比值改变而 d_m 保持不变，那么单位流量（允许流体流过的能力）因比值增大而减少，这一点从图 5-8 可以看出。然而，其过流能力也减小。在高 d_m/e 比下由于减小了摩擦速度使弹性体的寿命有所改善。

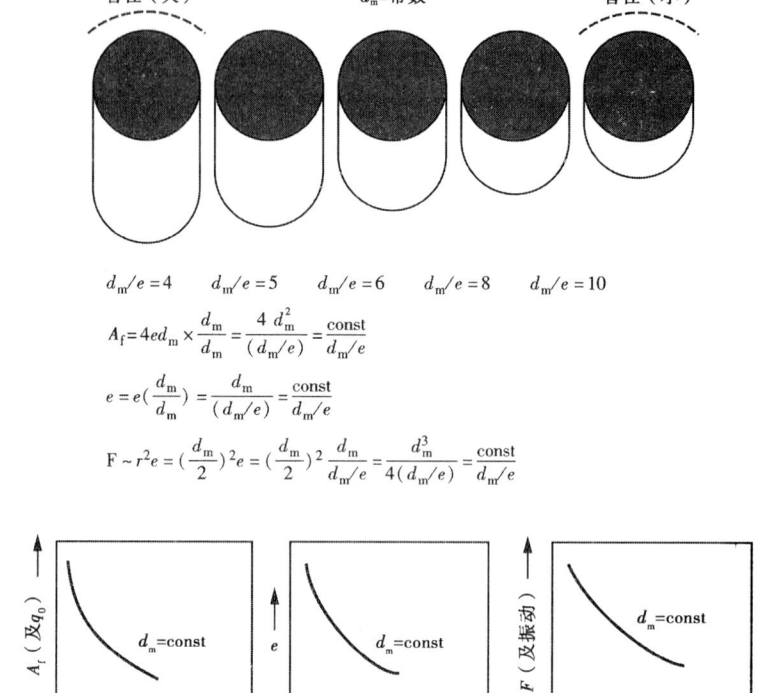

图 5-8 d_m/e 比值与力、振动及管柱内径关系

在这种情况下,d_m/e 比值越低离心力越大。当然,在这种情况中,当 d_m 为常数,无论是橡胶的厚度还是管径大小都必须改变以获得小的 d_m/e 比值。d_m 恒定,d_m/e 越小,导致小直径处的橡胶越厚。这会引起定子变热,缩短寿命。

2. 处理固体的能力

d_m/e 比值越小,允许通过这个装置的固体越大。当 d_m 保持恒定时,结果也是这样,因为同前面解释的一样,增大了净过流面积。

比值越小,导致摩擦速度越高(即减少寿命),除非只有保持 d_m 为常数,这样也能改善机械效率,因为减少了摩擦可以使克服摩擦的做功减少。

3. 温度

d_m/e 比值小导致定子在高温下运行,而降低了处理热流体的能力。

4. 剪切速率

较高的 d_m/e 比值将产生更多搅拌和更多剪切,对剪切敏感的流体这将是被禁止的。

5. 扭矩

高 d_m/e 比值将会导致高扭矩。

6. 转子和定子之间的线性密封性

对小 d_m/e 比值来说,这将更困难。

7. 启动

小的 d_m/e 比值能导致不良的启动性能。

所有上述表明，d_m/e 比值越高越好。唯一的缺点是高比值将使泵的尺寸越来越大（价格越高）。然而，一般来讲，一个较大设备初期投资会很大，但是会很明显地节省配件、劳力，减少停工时间。

8. 螺距—偏心距比（P_s/e）

改变螺距—偏心距比会有很好的效果。

9. 磨损率

在泵设备中，d_m/e 比值越高，磨损率越高。

10. 螺旋线（卷）形状

P_s/e 比值越高螺旋线越平缓（图 5-9 和图 5-10）。

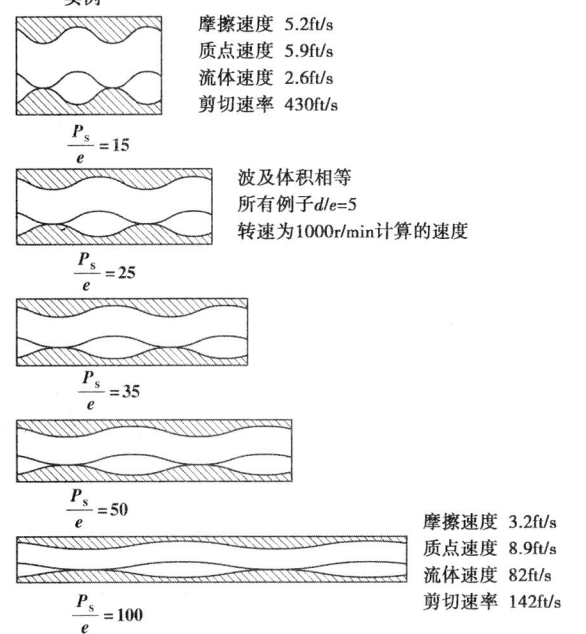

图 5-9 螺距与质点速度、流体速度、静压头关系

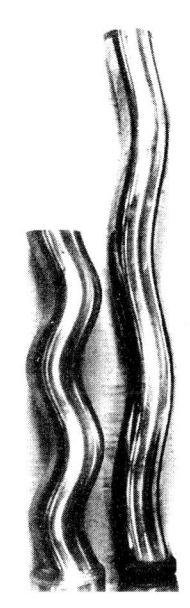

图 5-10 螺距不同的转子

11. 过流量

P_s/e 比值越高流量越大。

12. 成本

在给定流速情况下，长螺距泵更容易制造。

13. 需要的净正吸入压头

P_s/e 比值越大，吸入性能越差。

14. 黏性流体

低 P_s/e 比值处理黏性物体更容易，因为高 P_s/e 比值导致高剪切速率，低 P_s/e 比值导致低（更好）剪切速率。

15. 平均流速

P_s/e 比值越高，平均流速越高。

16. 质点速度

P_s/e 比值越高，质点速度越高。

17. 产品损坏

高 P_s/e 比值更易损害产品。

18. 线性密封性

高 P_s/e 比值使设备越庞大，密封更困难（即每段的压力越低）。

19. 启动扭矩

高 P_s/e 比值导致高启动扭矩。

20. 颗粒干扰

高 P_s/e 比值导致定子和转子之间接触角度小，同时增加了颗粒被捕获的可能性。

如从上述列表中可以看到，选择螺距比值比选择直径比值更麻烦。通过改变螺距比值产生的各种影响有很多是冲突的。

螺杆泵的设计方法与井下螺杆钻具的设计方法是截然不同的。螺杆泵一般是单螺纹设计，双螺纹转子很少需要。相反，井下螺杆钻具都是采取大螺纹比设计，以增大单位长度上的扭矩。这些尺寸受钻井井眼的限制，直径和长度必须尽可能的小。在定向井和水平井中钻井管柱（见图 5-11）必须克服小曲率半径，这种限制更加突出。因为，尺寸和功率需求超出了承受范围，所以井下螺杆钻具的寿命比螺杆泵短很多。

四、能量传递方式

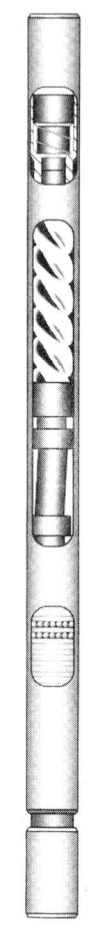

图 5-11 井下螺杆钻具的动力部分

螺杆泵（见图 5-12）的设计必须能够将电动机轴的同心转动传递到螺杆泵转子上，转子在定子内"章动"，第 4 章已经详细解释。

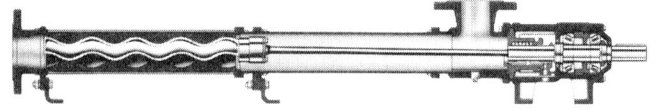

图 5-12 标准的螺杆泵

为了实现这一点，使用一个中间轴（叫做连接杆），连接转子到泵驱动轴。两个连接点（两头端点）都参与转动和振动，使转子以偏心距 e "章动"。很多设计都能实现这一点。最常规的设计是利用销连接（见图 5-13）。

销连接相对简单和便宜。销连接的内部腔室必须用台肩式密封或者橡胶保护罩密封，防止有物体进入，卡住连接点。

在连接杆套筒和销之间的表面充满了润滑

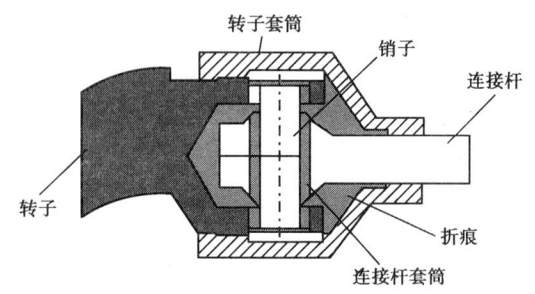

图 5-13 销连接图

油。套筒和销通常是由淬火钢制造的,但它们最终磨损后必须更换。图 5-14 和图 5-15 显示了销连接和两端连接转子与传动轴的连接杆的近视图。

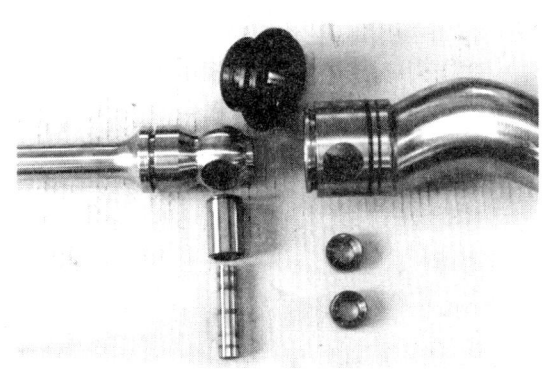 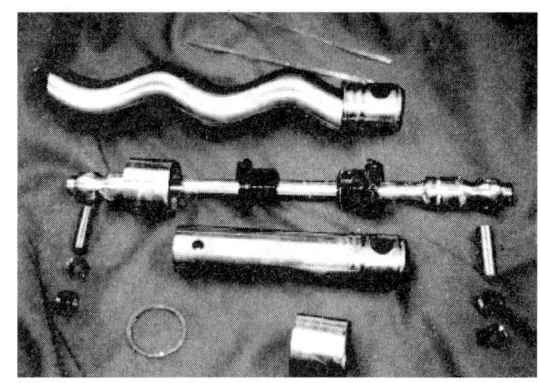

图 5-14 销连接零件图　　　　图 5-15 通过销连接转子和驱动轴的连接杆

一种比较昂贵但更稳固的设计是利用齿轮连接,这实质上是一个万向节,通过齿轮齿传递扭矩,同时允许连续转动和振动。它也需要填充润滑油和密封。齿轮连接与销连接相比能够传递较高的扭矩,而且平均使用寿命也要长几倍,在停工成本很高的关键地方,齿轮连接更能体现其价值。图 5-16 和图 5-17 显示了齿轮连接。

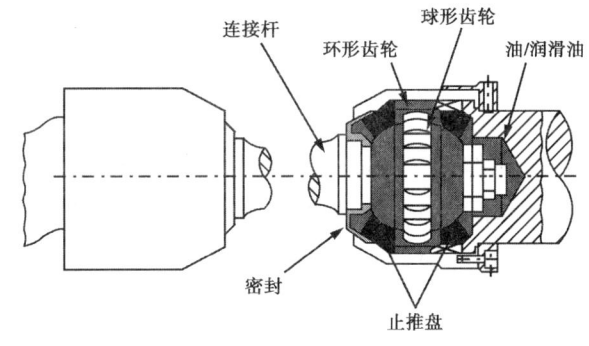

图 5-16 齿轮连接

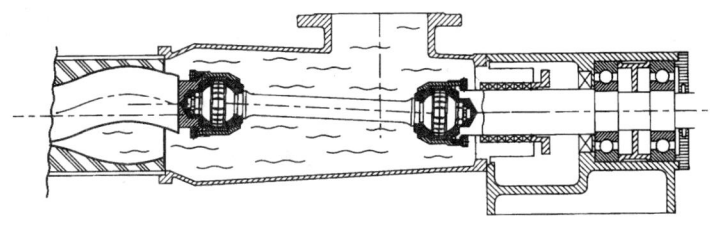

图 5-17 齿轮连接方法

在许多应用中,有时存在这样的情形,即螺杆泵必须克服很小的压差输送液体,比如在输送过程中使用排量较小的泵。相应的低扭矩传递允许不用接头连接,而是用柔性连接轴(见图 5-18)。

柔性连接的连接轴(或者连接杆)通常用高抗拉强度非金属材料制成,它的运动学原理由图5-19说明。这种设计在20世纪90年代中期由于简单、成本低、易于维护而普遍被采用。

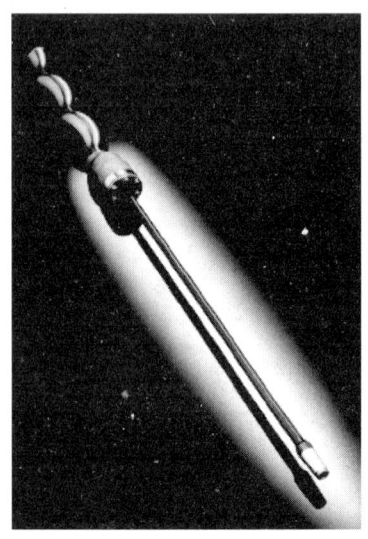

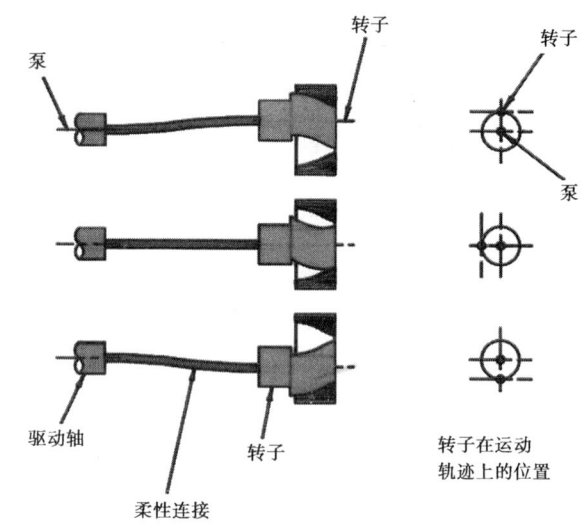

图5-18 没有接头的柔性连接轴　　　　　　图5-19 柔性连接的运行原理
　　　　　　　　　　　　　　　　　　　　(为了显示清晰,柔性连接的偏转被放大了)

最初的柔性连接应用在小泵上,经过不断完善,现在已经应用在大泵上(见图5-20)。

销连接和齿轮连接需要在接头处密封,而柔性连接不需要密封,柔性连接能改善泵处理黏稠物质、纤维物质和外来物质(如杂质碎屑)干扰的性能(见图5-21)。

图5-20 大排量螺杆泵用柔性轴连接　　　图5-21 柔性轴设计允许泵处理黏稠的、纤维的材料
　　　　　　　　　　　　　　　　　　　　　　(比如像建筑石料等,不会堵塞连接部分)

泵密封。在传统上,螺杆泵曾经用在输送黏稠的、有杂质的和有大量固体的流体情况中。然而,从化学的观点讲,这些物质通常没有额外的腐蚀性,而且不需要零泄漏。传统的密封盒密封装置已经成功地应用在螺杆泵上,现在仍然是普遍的密封选择;螺杆泵的密封需求同其他泵没有什么不同。

图5-22(俯视图)显示六个密封装置被密封盖压在密封盒内。需要一些渗漏去润滑密封盒,否则会使密封盒干燥和燃烧,伤害到轴。典型的渗漏速率是每分钟10~20滴。密封盒可以通过一个油环来填充,见图5-22中密封盒的底部。

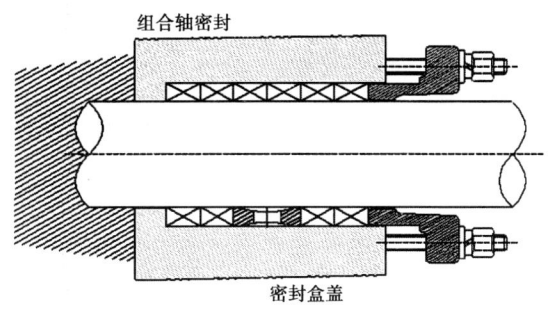

图5-22 泵的密封盒密封

这样,允许外部以高于泵入口处压力的压力注入(一般注入的流体是水)。注入水一部分进入泵中,一部分渗漏出来,但是外部渗漏的比没注入使用的要清洁。

如果泵输送的液体含有化学物质,不允许泄漏到外面,就要用到化学密封。化学密封没有明显的泄漏速度,而是以百万分之几辐射测量它们的析出,一般$(50\sim500)\times10^{-6}$数量级。然而,普通的、非冲刷的、单层化学密封就能很容易地封住,因为输送的物质通常含有杂质或者太黏稠,而不能提供足够的冷却和密封表面的润滑(螺杆泵经常是这样的)。这样的泵,如果没有润滑液体,就会燃烧而发生故障。在双机械密封的第一和第二密封之间注入阻隔流体能改善密封表面的润滑过程,从而稍微延长它们的使用寿命。

螺杆泵不是使用标准的双密封,而是用机械密封作为第二密封和用一个台肩密封对泵送液体的联合密封(见图5-23)。

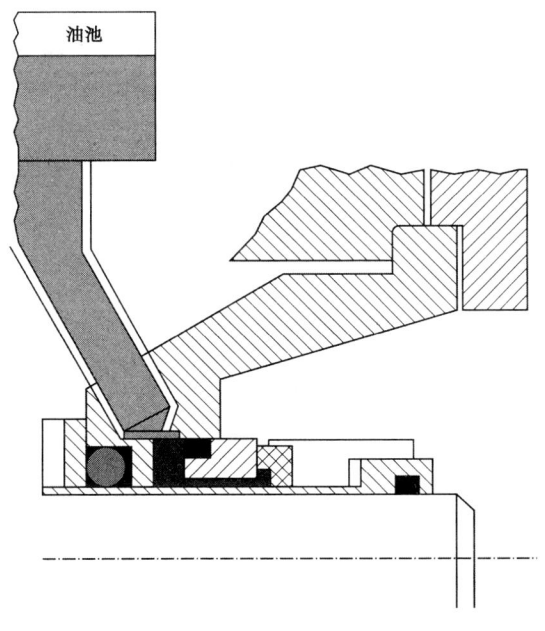

图5-23 缓冲液使密封腔保持清洁,延长使用寿命

这种密封将机械密封由近程移到泵上,简化了设计。评定指标是台肩式密封的磨损情况,泵全速转动(1800r/min)能持续2000h。然而,由于螺杆泵在很低的速度下运行,所以它们的台肩式密封能维持更长时间。

第 6 章 应 用 准 则

同任何其他类型泵一样,螺杆泵有很多的优点但也有缺点。在本书开始部分介绍的水力学会描述了 33 种不同类型的泵,这些泵是依据设计的相似性进行分类的,主要有两大类:离心泵和容积泵。在这个分类方法下,用户如何做或者应该怎样选择和应用某一特种泵呢?

在多数情况下,简单的选择方法是参照历史惯例。如果一种类型的泵运行良好,那为什么要换呢? 可靠性和生产车间的制造时间是很关键的,而且用一些没有经过工厂验证的新的东西做实验,是很难作出决定的。在现有的设备条件下,一些用户在应用新类型泵上的保守思想是可以理解的。只有当工厂重要的生产工艺发生了变化,或是由于某种原因,目前的泵送设备的可靠性明显低于工厂历史上的平均水平,这时维修人员和工程技术人员才会考虑更换不同类型的泵。

然而,对于新的安装,泵送设备的选择可能不会太保守。同时来自于正在运行的工厂的维修和工程技术部门的建议是应该考虑的。对于一个新建工厂来说,关于设备类型的决策通常是比较开放的,允许不同类型泵的生产厂家提供他们的产品并进行公开竞标。当然,只有当设备的技术方面保证能够满足运行的需要时,价格才能扮演一个重要的角色。在这方面,设备的可靠性和可信性是至关重要的,因为工厂停工时间的费用比初始购买泵的价格要高出好多倍。仅当所有其他方面都相等的条件下,价格才是最终的决定因素。

一般说来,输送非常黏稠的、带有杂质且不是很有腐蚀性的流体才会选择螺杆泵。例如矿浆、乳胶液、污水、胶质、漆类、淀粉、纸浆、沥青、糨糊、涂料、钻井液、胶状物等类似的物质。然而也有例外情况,螺杆泵也经常用于输送煤油、天然气、水等。这种情况下,压力相对较低,温度是室温,流体没有腐蚀性。这样的例外经常是基于后勤原因,而不是基于需要的考虑。比如一个工厂可能有大量的用于其他场合的泵的库存,当有其他用途需要安装常规泵,而这种泵在库房中不能迅速找到,在紧急情况下,维修人员可能会安装一台不太常用的类型的泵。如果临时的泵被证明运行良好,这样就会决定一直用它。因此,如果这个新用的临时泵的代理商能证明其反应迅速并且有良好的跟踪服务,即使泵本身在其他方面没有完全达到最佳,这种泵也有可能会固定用于此用途,底线是只要它的性能和价格合理。

一、磨损

螺杆泵具有很强的输送磨蚀性流体的能力。隔膜泵是另外一种选择,两者都有占地面积少的优点。然而隔膜泵产生明显的振动,并通过管线扩散,导致管线和基础设施振动。振动缓冲装置几乎是经常和隔膜泵一起安装,它们的失效、卡塞、不准确的定位等都会导致整个系统出问题。然而,螺杆泵是无振动的,运行平缓、安静。

螺杆泵输送颗粒的大小只受过流面积的影响,而过流面积很容易依据泵的开口端确定。对于给定一个需要的流速,大泵在低速下运行,能够处理较大的固体,由于运行速度低而磨损很少。许多因素影响着磨损速率,作为一个近似的经验公式,螺杆泵的使用寿命设定为转速的三次方。

二、温度

螺杆泵的一个关键部位是定子橡胶衬套。多数橡胶的使用温度不能很高,因此,多数螺杆泵的运行温度低于180 ℉。最常用于螺杆泵衬套的弹性体是橡胶,如腈橡胶或天然EPDM。聚四氟乙烯橡胶也曾被使用,虽然应用得较少,一般被用在温度接近300 ℉的地方。

三、化学品

螺杆泵不能输送具有腐蚀性的化学品。像硫酸、碱性物以及相似物质,最好用其他类型的泵,比如在转速相对较低情况下,使用不锈钢齿轮泵(见图6-1),在中高转速情况下,用离心泵。

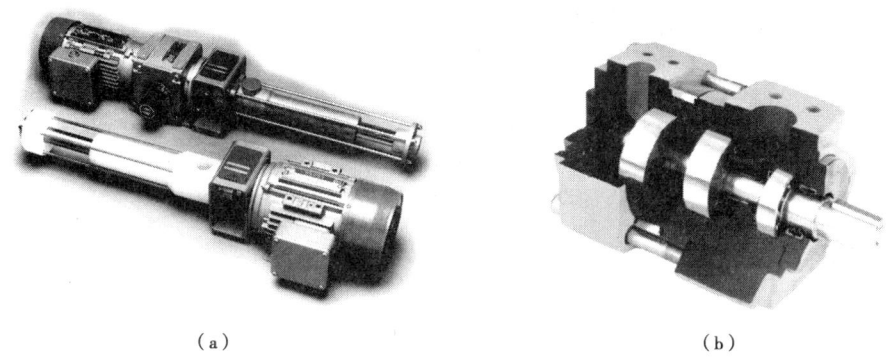

(a)　　　　　　　　　　　　(b)

图6-1　旋转齿轮泵和螺杆泵的对比

四、黏度

螺杆泵能够输送的物质黏度可以达到1×10^6cP(见图6-2),超过了大多数其他类型泵的适用范围。

图6-2　螺杆泵可以输送非常黏的物质

在输送如此高黏度液体时的最大挑战是物体(看起来很难像流体)到达并进入泵吸入口的能力。在这种情况下,用特殊的螺旋推进器和宽喉道漏斗帮助流体进入到泵中,以预防断流。图6-3举例说明了这种设计。

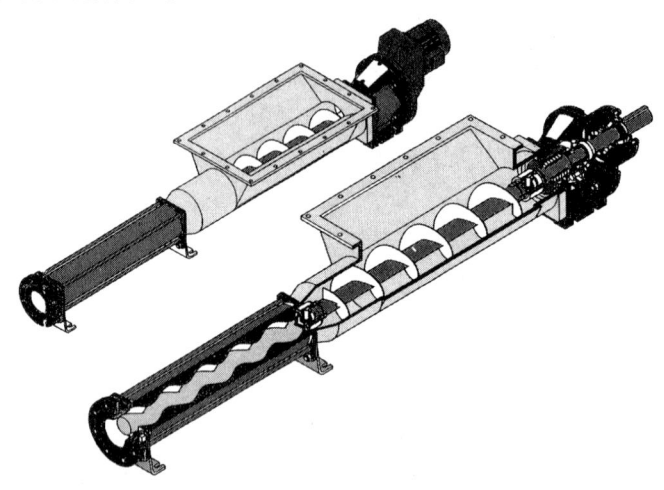

图6-3 具有一个宽喉道漏斗和螺旋助推桥式破碎装置的设计样品(莫诺芙洛泵厂生产)

五、转速($v_{转}$)

尽管螺杆泵在理论上能够同其他类型的泵一样快速运转(1800r/min),但是它们很少达到这样的速度。第一个原因是"章动"转子的几何尺寸导致的不平衡(例如,由于转子重心偏离泵的中心线产生的离心力)。根据牛顿定律:

$$F_{离心(不平衡)} \approx m \times v_{转}^2 \times e$$

这意味着泵转动越快,不平衡力越大,振动就越大。

限制速度的第二个因素是黏度。如果流体很容易地进入到泵入口,泵内部部件(转子)就会承担起输送流体的任务,流体会从另一端出来。在给定转速下,任何容积式泵(包括螺杆泵)流量是恒定的,实际上是不取决于黏度的。然而,值得注意的是,在非常低的黏度时(低于30~100cP),滑脱会影响到净流量。需求的功率有什么样的变化呢? 功率增加就使驱动转子驱替较黏稠的液体。当达到结构或驱动功率额定值时,泵就会连续正常运行。然而,如果入口处有足够的压力,就会使流体从贮水箱流到泵入口,这个压力也可以推动流体进入泵的腔室中并开始输送。

如果泵运转太快,它所泵送液量的能力大于入口压力驱动等量液体到泵入口腔室的能力。如果发生这种情况,入口腔室不能完全充满,就会导致气蚀、振动、噪音,而且会减少输送量。根据水力学会的数据,最小吸入压力定义为泵吸入口前端的压力,低于此压力则容积式泵的漏失量超过其流量的55%。入口压力低于最小吸入压力则泵就不能运行;最好有一个高于最小吸入压力的安全系数。泵抽系统设计的实际意义是通过在贮水箱和泵之间用较短、较粗的连接管,来减少弯头、回转和转弯等零件的数量,尽可能地减少入口流量损失。

限制速度的第三个因素是固体含量。比如,螺杆泵用水(即没有黏度的物质)作携带液处理煤浆时,如果煤颗粒在泵内通道移动太快,就会损害橡胶衬套。因此,减小泵的转速能够显著地增加泵衬套的使用寿命。

上述的一个或所有因素在螺杆泵运行过程中都经常出现:不平衡(总是出现)、高黏度和颗粒大小。因此,螺杆泵运行速度一般不会超过 300~500r/min,有时甚至更低。对于非常黏稠的流体,螺杆泵运行速度在 10~50r/min。

六、压力和流量

众所周知,螺杆泵的泵送量超过 2000gal/min(见图 6-4)。

图 6-4 大型螺杆泵(在 70psi 的压差下,
用一个 200hp 电动机和齿轮减速箱,使泵能在 150r/min 转速下运行)

一般情况下,在高流速下压力是低的,出于制造的考虑,经常是几个泵并联安装,以减小单个泵的尺寸。即使是橡胶和转子紧密配合,压力越高意味着越容易滑脱,滑脱会明显地减少净流量。这就是为什么压差越高,越需要更多的级(见图 6-5)。

作为一个经验规则,螺杆泵设计的每级压差一般为 75psi。例如,一个压差为 300psi 的使用场合需要四五级(级数应尽量高一些)泵。为了对螺杆泵的所有参数有一个初步的了解,讨论下面的例子。在例中需要螺杆泵克服 300psi 压差下输送 300gal/min 的液量。

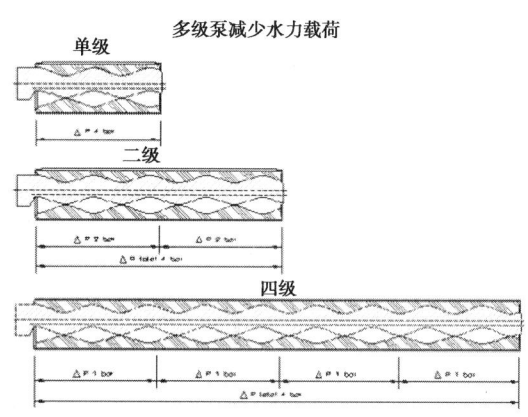

图 6-5 压差越高需要级数越多

当选择泵的大小时,设计工程师使用公式和图表并参考理论和经验数据。例如,在第2章讨论到,磨损速率和质点最大速度是泵速的基本限制因素。然而,泵的使用者没有办法掌握这个特殊的信息。甚至一个相对简单的标准值,如第5章讨论的平均流速的确定,需要知道净过流面积。而净过流面积只有用户已经有一个正在运行的泵才能测量到。很明显,在评价和选择泵时,大多数用户还没有泵。

假如一览表中有对比特性曲线可以查到(几种尺寸的泵的流量和压力曲线),用泵一览表估算需要的泵的尺寸是一个便利的方法。然而,因为一览表不一定总是可用的,最好是有一些简单、容易的方法来估算泵的所有参数。实践证明,如果知道连接管线的公称尺寸,这种近似方法是可行的。不管什么类型的泵,这个方法通常是可用的。即使管径随着流体黏度而改变(越黏的流体需要越大的管径),但这种变化是相对稳定的和可知的,尤其是只被用作近似标准。

用来近似估算泵大小的经验法则是,基于管子的公称尺寸,流速介于 1~3ft/s。小泵通常用较小的流速(1ft/s),大泵用较大流速(3ft/s):

$$v_{管子} = Q \times 0.321/A_{法兰}$$
$$= Q \times 0.321/(3.14 \times d_{法兰}^2/4)$$

在上面的例子中(300gal/min,300psi),让我们假设流速 2ft/s 用于平均大小的泵。如果将上面的方程推导求解法兰直径(即泵直径),我们得到:

$$d_{法兰} = [4 \times Q \times 0.321/(3.14 \times v)]^{0.5}$$
$$= [4 \times 300 \times 0.321/(3.14 \times 2)]^{0.5} = 7.8\text{in}$$

因此,一个公称直径 8in 的管线(泵法兰)能够被采用。

水力部分(定子里的转子)总长度可以改变,但是作为第一个估算值,1级泵长度近似等于4个公称直径的大小。

$$L_{1级} \approx 4 \times d_{法兰} = 4 \times 8 = 32\text{in}$$

用一个5级泵(根据300psi压差,每级75psi,加一个安全系数):

$$L_{水力} = 5 \times 32 = 160\text{in}$$

驱动末端加一个额外的长度,至少不少于1级或2级泵的长度。得到:

$$L_{泵} = 160 + 32 \times 2 = 220 \sim 230\text{in} \approx 20\text{ft}!$$

为了减小占地面积,螺杆泵经常由背式的装配好的电动机带动皮带驱动,如图6-6所示。同样的理论应用于小泵,比如20gal/min 和同样是300psi 的压差:

$$d_{法兰} = (4 \times 20 \times 0.321)/(3.14 \times 1)^{0.5}$$
$$= 2.9\text{in},约3\text{in}(应用1\text{ft/s})$$
$$L_{1级} \approx 4 \times 3 = 12\text{in}$$
$$L_{水力} = 5 \times 12 = 60\text{in};$$
$$L_{泵} = 60 + 12 \times 2 = 84\text{in} 或约7\text{ft}$$

应该承认,上面的假设是非常接近的,但是这个例子也说明了一点,和大多数其他类型的

图 6-6 重叠安装式电动机经常与螺杆泵一起安装

泵比较,一个标准的螺杆泵同一个电动机连接并固定在底板上,可能需要两倍大小的占地面积。此外,如果磨蚀性物质的含量很高,75psi 压降额定值应该减少,甚至减少很多,因此会使整个泵更长。

这说明了为什么螺杆泵通常很难替换其他类型泵,甚至有问题、已安装的泵(泵周围地面通常被其他设备所拥挤)。然而,对于户外安装,尤其是新的安装,这就不是什么问题了,因为占地计划正在制定,而且对于较大的泵,占地面积也很容易调整。

七、夹带的气体

螺杆泵有传输多相流的机会。石油开采经常需要用螺杆泵处理夹带的气体或溶解气。这样的应用是一种挑战,有以下几个方面的原因。首先,这种混合物是不稳定的,它在以液体为主、气液混合和以气为主之间变化,如果以气为主的状态持续时间过长,转子和定子表面没有可用的润滑剂,就会很快出故障;其次,温度超过 300℉ 会造成橡胶体失效;再次,气液混合物通过泵从低压向高压处推进,更多的气体可以溶解,使净体积减小,导致腔室不能完全充满,造成噪音和振动。

无论如何,不只是螺杆泵,其他类型泵也面临这些挑战。螺杆泵处理特殊混合物的能力有一定的优势,而且,一旦新技术和工程强化技术得到更深层次的研究,对于多相油气混合物的开发,螺杆泵是一个不错的选择(见图 6-7)。

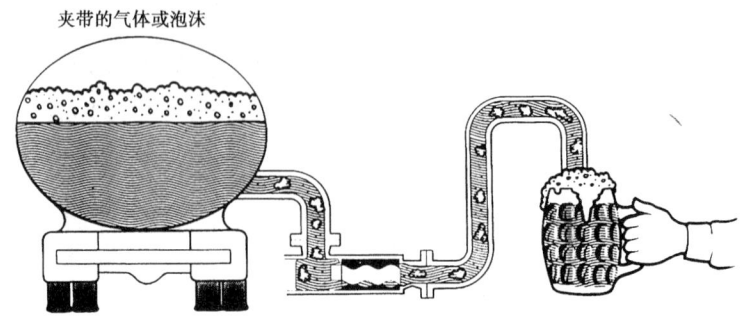

图6-7 通过螺杆泵来进行多相输送

八、干转

螺杆不应该干转,因为橡胶在转子的干燥表面摩擦时会很快失效。而这似乎和螺杆泵有很好的自充满能力相矛盾,实际上在重新启动时在一个相对较短的时间内空转后,螺杆泵将会自充满和运行良好。在这些情况下,一些残留的流体仍然在泵内,在泵的自启旋转中,提供有限却足够的润滑,泵的自启动通常不超过 30~60s。螺杆泵第一次启动或者是长时间空载后重新启动时是非常危险的,应该在启动前用手转动一下;否则,在这样极干燥的条件下运行能够导致橡胶很快失效。由于这个原因,建议任何类型泵的入口应该是充满的(使供液面高于泵入口),以保证没有干转发生(见图6-8)。

尽管大多数泵不能干转,但是有些泵能够比其他泵在干转条件下运行时间稍微长一些(见图6-9)。

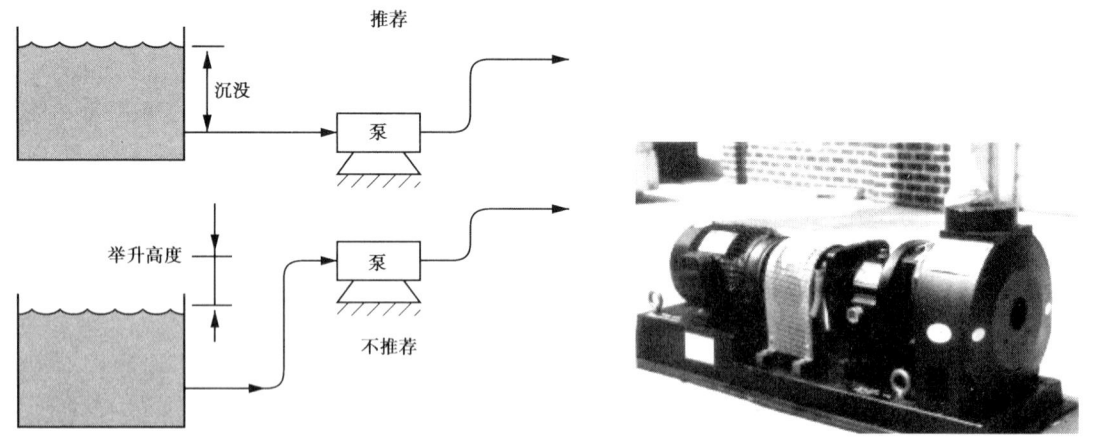

图6-8 启动时使泵的进口完全充满示意图　　图6-9 通过特殊的设计获得有限的干转能力

概括螺杆泵的优缺点:它们被人们所熟知,适用的排量和压力范围较大,在中低温度(300°F)下适宜于输送黏稠、磨蚀性的物质;同时可以在较低的速度下运行(不超过 300~400 r/min)。

第7章 安装实例

一、安装实例1：螺杆泵保持泡沫浓度

在英国西部内陆消防服务公司需要一种方式去泵送液态蛋白质浓缩物，从消防站储存容器中抽取500gal泡沫到消防车中，准备用于化学和汽油火灾灭火中（见图7-1）。虽然消防业考虑到使用离心泵，但是离心泵不适合输送泡沫发生剂，它们产生大量的空气，导致泡沫消防车中25%为浓缩物，而75%是泡沫，完全不能有效进行消防服务。

如果不用泵而要完全充满一台泡沫消防车需要五个人好几个小时不间断地工作才能做到（比如在紧急情况时被呼叫）。西部内陆消防服务公司有三辆泡沫消防车放在了整个关键区域，包括高速公路、飞机场、大型化学装置附近。人工装载泡沫消防车的弱点是很明显的，例如，当一辆汽油罐车在高速公路上遇到车祸，汽油泄露在堤坝上，产生一点火光就会迅速燃烧起来。两辆特殊的泡沫消防车出动，消防队长意识到一辆车备用，其他两台车能够提供整个泡沫消防覆盖物至少需要3h，若这个区域有另一个重大事故，那很容易受到伤害。

图7-1 安装实例1（莫诺芙洛泵厂制造）

大量尝试使用离心泵后都没有理想的结果。因此，为了使螺杆泵能够充满消防车，给螺杆泵制造商提出了一系列技术要求，包括：液体中无气体、操作简单、可靠性高、运行安全，以及使用寿命长。

在成功试用之后，西部内陆消防服务公司为三个SE061型螺杆泵设置了一个程序，配有停/开转换控制和超压传感开关。制造商也建议为这个装置装配定时器和特殊的"喘息通道"提供干转保护。螺杆泵的输送能力应该向这两个方向改进，可以用于放空泡沫后进行维修。

这种类型泵的优点是明显的。填充满一辆消防车——这个需要花费两个人4h才能完成的任务，现在只需要两个人在12min内就能完成。将SE061型螺杆泵使用在泡沫消防车上，能够大大增加消防车的效率。

二、安装实例2：淤泥输送问题

依据成功的实验，将密封连接的螺杆泵安装在英国泰晤士河沼泽地污水处理厂，以替代离心泵进行软化淤泥任务（见图7-2）。这是同英国萨尔斯伯格环境建设有限公司签订的淤泥消化和清理设备更新项目的一部分。

图7-2 安装实例2(莫诺芙洛泵厂)

最初用带有固定速度齿轮箱的螺杆泵取代离心泵,来输送固体浓度大概是5%的软化污水污泥。经过三个月成功的试用期后,剩余的两个离心泵也由螺杆泵取代。一个明显的优点是它们的紧凑设计,这样使它们在有限的空间上有一个理想的安装空间。螺杆泵具有处理不同黏度流体的能力,从水到泥浆以至脱水污泥。螺杆泵也能处理含有纤维状、黏稠固体的液体,使它们非常适用于水和废水处理工业。

在这个安装中,转子驱动连接是用一个密封销连接。这种连接经过上千次的应用,已经在设计上进行了改进。由偏心距和连接杆的长度构成的连接角度比许多其他螺杆泵的短连接杆构成的角度要小很多。这个特殊设计的提出同其他螺杆泵在同样的速度下对比,有效地降低了销连接的磨损。安装在泰晤士河流域的污水处理厂的螺杆泵以208r/min运行。

制造商自己生产的转子和金属壳定子,大大地增强了泵的可靠性,使制造过程中的所有控制均在公差允许范围内,因此,确保了始终如一的性能。齿轮变速箱用法兰连接,采用一个插入式轴,这样就容易进行日常维修的拆卸和装配。因此,1992年11月安装在这个工厂后,这套螺杆泵一直无故障运行。

三、安装实例3:食品行业中的应用——大豆奶的加工

螺杆泵被安装在英国柴郡的霍尔丹大豆奶食品加工厂,用于有效地运移高固相含量的材料(见图7-3)。

图7-3 安装实例3

成品的质量和味道依赖于精心保持上等大豆营养价值的过程;这需要精确控制生产过程中的所有步骤来获得。

经过细心的酶反活化作用后,大豆用水研磨,形成浓厚的糊状物,随作用螺杆泵将糊状物输送到分离器中。螺杆泵平稳流动的特性在这里有了一个很好的应用效果,以恒定给料速度将物料送到离心机中,以避免波动,从而保证大豆糊稳定、浓度均匀。安装在霍尔丹的螺杆泵需要承受194°F的恒定运行温度。大豆糊分离之后,提取的流体在加工和密封包装之前要进行真空除臭处理。大豆奶作为牛奶的替代品用于不含牛奶的冰激凌、酸奶以及乳酪产品中。

在这个工厂中,清除纤维的残留物是一项既慢又耗费劳力的过程。采用单螺杆泵装置通过一个3in的管子输送这些物质到容器中,被证明是一个极好的解决方法,并且投资回收期极短。安装螺杆泵是改良项目的主要部分,历时超过六个月。霍尔丹食品公司现在能够以每小时800gal的速度生产大豆奶。

四、安装实例4:面包房清洁卫生的应用

螺杆泵在英国曼彻斯特的贝克庄园公司作为新产品转换系统的一部分,被有效地应用(见图7-4)。

图7-4 安装实例4

为了使有效资本大量投入到储藏上,面包公司的生产部门调查了安装管道系统及相关设备以实现自动化储藏的可行性。新系统的设计包括200ft的管道系统、八个弯头和16ft的静水压。

储藏的样本被送到泵制造商的实验室,在那里测量了样本在不同剪切速率下的黏度,并计算了系统回压,由此确定了最佳的泵尺寸。实验后可以发现,用这些清洁卫生泵来承担这项工作是很理想的,并可作为新的节能系统的一部分。

这个特殊设计的关键点是承载轴和螺旋状转子的连接。这个装置在19世纪60年代末期

由泵制造商完善，可满足卫生要求。由于没有移动的部件，因此没有磨损，也就没有必要润滑，产品污染就消除了。这种简单的连接设计也减少了泵的零件数量，使它们容易拆卸、维修和再装配；增加了可靠性，也延长了日常维修的时间间隔。

这些泵安装在不锈钢底架上，方便清洁，有配套的机械密封和变速驱动。这个系统已经从19世纪80年代中期开始成功运行。

五、安装实例5：污水处理

在英国米尔斯米尔港口的伊斯哈木石油炼制公司，从1996年开始将螺杆泵安装在污水处理项目上就已经开始提供可靠的服务了（见图7-5）。

图7-5 安装实例5

在1992年，伊斯哈木石油炼制公司完成了它的污水处理项目，该项目完全由伊斯哈木自己的人员设计和完成。在这个系统中，从各种工艺中流出的废水，与径流地表水混合，引导到一个巨大的阻流板。在那里，将石油和其他化学物质分离出来并得到安全处理。然后将剩余的水用螺杆泵输送到一个存储罐中再次分离，准备进行生物处理（去污、再曝氧），最后排放到水网中。

两台螺杆泵直接连接到带防爆电动机的减速箱上。它们各自的输送量分别为每分钟174gal和264gal。两台泵轮流泵送由水、石油和颗粒组成的流体，输送温度是68°F。泵维持13～16ft的扬程和在58psi的压差下运行。

选择这些螺杆泵来服务于系统中的两个存储器中，是由该公司自己决定的。同一个制造商的许多其他不同螺杆泵已经安装在这个工厂内，并且提供了有效的、可靠的服务。由于这些泵可靠且运行简单，因此这个泵的制造商就成为操作和维修人员的首选。

这个项目的关键是伊斯哈木公司需要有极高的可靠性和价格竞争力的设备。这个项目的技术管理人员解释："我们为这个工作购买了最好的设备，安装了备用设施，希望它能够有最高的性能标准。这些螺杆泵的定子是由不锈钢和丁腈橡胶制成的，优点是设计简单、维修容易。假如这些泵需要维护的话，我们就会发现制造商有一套非常有效的备用的服务机构。"

对泵的用户来说，像这样全面而有效的服务机构是极其重要的。

六、安装实例6：暴雨水排放应用

在英国的西部罗米奇，有一个海普沃斯矿产与化学品公司，下属一个树脂制造工厂。经过仔细考虑处理暴雨水的各种方案，他们最终选择了螺杆泵作为解决方案（见图7-6）。

这个系统的设计必须满足暴雨水排泄的极其严格的要求。在处理和排泄之前，安装了八台泵将暴雨水由泵传输到储存罐中。

螺杆泵也用来处理雨水排泄。之所以选择螺杆泵是因为它们能够大量、长期、方便地应用。将螺杆泵安装在地面，使泵和电动机维修非常便利。

图 7-6 安装实例 6

密封方式的多样性有效地减少了密封失效的几率。如果由于电动机不能浸水而使密封失效，修理相当简单，因为这个装置很容易接近。螺杆泵的较低运行速度减少了磨损，延长了日常维修的时间间隔。

维修的便利通过独特的挠性轴设计更明显地加强了。挠性轴设计通过减少移动部件的数量来简化设计，因此增加了可靠性。这种特殊的系统消除了驱动端和泵送原件间的磨损，没必要进行润滑。三年的保修期保证了泵制造商在挠性轴设计上的可信度。

虽然首先考虑潜油离心泵是一个较为便宜的选择，但因为成本效益只是短期的而被否定。原因是泵和电动机维修更加困难和耗费时间，同时有效的密封类型也是有限的。因此安装八台泵在这个地区已经能够有效地处理暴雨水。

七、安装实例 7：污泥的应用

螺杆泵以将复杂的输送问题变为简单化而闻名。在英国布罗恩斯格罗夫的色温特伦特污水处理厂，螺杆泵正在有效地运行着，在这里许多其他类型的泵都失效了（见图 7-7）。

剩余的活性污泥被送到重力沉淀罐中，在这里经过沉淀后液体被放出来，并用油罐车收集、运送到色温特伦特污水处理厂的污泥消化厂去处理。1993 年，在这个装置安装之前，每周需要多达七台油罐车来运送剩余的污泥。

图 7-7 安装实例 7

作为一个普通工厂浓缩处理的一部分,离心式污泥浓缩系统能更加有效地分离污泥中的液体,提高浓缩污泥中固体含量6%~8%左右。这样,能够更有效地输送——平均每周只需要一台油罐车——明显降低了运费。色温特伦特也要求泵的承包者(英国德比郡的卡勒姆德特内公司),填充速度要达到每分秒45L,充满5000gal的油罐车仅用8min。

用油罐车输送污泥的主要问题是污泥复杂的流变特性,显示出宾汉流体(塑性)特征。污泥极其黏稠的性质和7.2m的静水压头,以及污泥中出现气泡,超过了许多其他类型泵的性能范畴。

卡勒姆德特内公司的解决办法是垂直安装标准螺杆泵,采用铸铁主体、一个由丁腈橡胶制成的定子和由工具钢制成的转子。这个单级螺杆泵需要配备一个较大的75kW的电动机,来满足由污泥黏度引起的高启动扭矩的需要。

在这样艰难的应用中,一个能够增强泵的可靠性的关键部分是一个特殊的挠性轴驱动,这为旋转的泵驱动轴和偏心轨道螺旋状转子的连接问题提供了独特的解决方法。这样就省略了常规万向节的需要。因为在传动链中没有磨损件,所以与其他连接形式有关的维修费用也就省略了,运转时间明显延长。这种挠性轴驱动和泵设计的简化使泵能够很容易在日常检修时拆卸和安装。转子和定子间的过盈配合产生了正密封性,使泵能够排空在输送过程中由活性污泥产生的气体。

因为在1993年6月进行了试运行,这台螺杆泵已经证明了它的效率。它以45L/s的速度输送污泥,达到了8min装满一台油罐车的标准。它的成功应用已经引起了其他类似应用需求的重视。

八、安装实例8:污泥处理应用

在英国的卡瑟斯通的诺森伯兰水供应公司的拉丁顿污水处理厂,螺杆泵增加了处理污水的效率(见图7-8)。雨水在重力作用下从蒂斯山谷的格拉斯霍姆和赫里水库流到拉丁顿污水处理厂(WTW)。在这里水经过处理后,分布到整个蒂斯山谷,主要分布到达林顿和斯托克顿。这些处理工作包括从水中清除固体灰尘。处理后的污水再被送回卡瑟斯通的拉丁顿污水处理厂。

含有1%~2%固体的污水,被输送到离心机,分离出绝大部分的剩余水。分离出来的水送回到拉丁顿污水处理厂,然后将含有15%~25%固体的脱水污泥分布到周围的陆地上。

离心机的效率取决于向它输送污水的泵的效率。开始时安装叶轮泵,但是由于污水中带有磨蚀性物质,使泵过度磨损,维修费用昂贵。

正如我们前面讨论的,耐磨性和易输送黏性流体的性能是螺杆泵主要的优势。因此,叶轮泵由单级螺杆泵所取替。螺杆泵不需要临界配合间隙,而叶轮泵的叶片和泵套之间的临界配合间隙是必需的。另外,螺杆泵金属转子在橡胶定子内的旋转运动产生抽水井的作用,适合处理带有固体颗粒的悬浊液。转子和定子间的接触面积不断改变意味着固体颗粒在释放前只能被定子瞬时截流。

通过挠性轴传动,可靠性大大增加了,这种特殊制造方法是独一无二的。它连接着驱动轴和螺旋转子,去掉了万向节设计的需要。因为没有了万向节,所以此在传动链中没有了磨损件,这些泵的维修费用降到了最低。日常维护的时间间隔大大地延长了。当需要进行维修和

图7-8　安装实例8

保养时,机械部分数量的减少使泵很容易进行拆卸和安装。这些泵制造商通过三年的保修期来保证挠性轴的可靠性。

在1994年,最初安装投入运行的四台螺杆泵,迄今为止,一直可靠地运行着,一周五天,每天8h,不需要维修。这些泵的效率能够达到四台离心泵的最大工作量。

九、安装实例9:在食品加工厂应用

螺杆泵被英国食品工业协会用于英国北安普敦郡科尔比的食品工厂中,以一定的产量生产小麦糊、糖浆、麸质和动物饲料(见图7-9)。英国食品工业协会生产大量的产品用于酿造、烘烤、制药、建筑产品、农业和造纸行业中。当工厂在1982年投产时,公司就安装了第一台螺杆泵。

在科尔比当地生长的小麦被磨碎成面粉,然后运送到总厂加工成各种产品,这些产品浓度不断变化,从流体到浓的糨糊和浆液。设备的有效性是保证生产水平的决定性因素。在工厂里,每天运行24h,每年

图7-9　安装实例9

365d,每周加工3000t小麦。因此,在这个应用上,可靠性是对泵的最主要的要求。

英国食品工业协会将泵的标准进口结构设计和大喉道槽泵结构设计相结合。带有独特驱

动系统的标准设计(动力传动)常用来在加工过程中输送水、白葡萄糖、液体淀粉和淀粉浆,以及从存储地到罐车之间的运送。

电力驱动在同心运动的轴承和偏心运动的螺旋转子之间提供了一个单独的连杆。在传动链中运动零件的减少消除了磨损,因此不需要润滑。这就消除了因连接处失效而造成产品污染的可能性,这在食品工业中具有明显的优势。

标准设计过去也常常被推荐应用在存储容器之间的循环中,因为如果不能保证足够的搅动,葡萄糖浆就会分层沉淀下来。在英国食品工业协会中,输送高黏度物质的理想工具是漏斗型泵,它们能保证用在烘焙工业中的谷蛋白和用在动物饲料产品中的蛋白浆,在加工过程中得到有效传输。大喉道漏斗型设计保证了原本浓的不流动的谷蛋白平滑,甚至流动。

在英国食品工业协会中,在加工过程中保持清洁的环境是必需的。在一定的时间间隔内,执行一次全面的清洁程序,从每天一次到几周一次。螺杆泵的简化设计减少了泵的部件数量,增加了可靠性,延长了日常维修的时间间隔,同时使清洁和维修过程中的设备拆卸和安装更容易。

十、安装实例10:飞机场的污水处理

世界上最大的螺杆泵安装在伦敦希思罗机场,目的是尽可能快地清除机场边缘积聚的 $500 \times 10^4 t$ 污水污泥(见图7-10)。

图7-10 安装实例10

1989年,希思罗机场的泰晤士河佩里欧克斯污水处理厂开始被关闭,该污水处理厂由土地开垦和循环利用专业公司——德林克沃特·萨比有限公司经营管理。莫格登污水处理厂每天输送17600gal厌氧处理后的污水污泥,并含有2%的干固体。这些污水被输送到这个地区的12个污水池中的某一个中。经过沉淀后,多余的水被排除,污泥中的固体含量为9%~10%。

在佩里欧克斯污水处理厂,排污泵在87psi的压力下,以200t/h的速度抽干这些污水池中浓缩后的污泥。每天运行24h,只有在日常维护时才会停泵,如检查电动机是否有汽油和柴油。

应用螺杆泵来完成这个任务,因为螺杆泵有一个独特的挠性轴设计,将承重轴和螺旋转子连接起来——是解决泵驱动轴的同轴运动与偏心螺旋转子之间连接的复杂工程问题的一个简单方法。为了防止定子损坏,污泥首先经过一个叫"大嘴"的设备,以粉碎其中任何潜在的危险物质,如石头和木头。在这个应用中流速是重要参数:泵的转速相对较慢,大约每分钟100转,减少了消耗和磨损,延长了泵的工作寿命,减少了维修费用。

应用泵的目的是将浓缩的污泥移到两个最大的污水池中(容量都超过1760000gal)。再从这两个污水池中,将污水装上污水罐车,分发到当地的农场,作为普通的有机肥料。

十一、安装实例11:浅海的钻井液补给船

在美国墨西哥海湾,用浅海补给船运送钻井液到钻井平台上。钻井液是黏土、水、加重剂和化学物质的混合物,用来将岩屑从钻头位置冲刷到地表。将钻井液从补给船输送到钻井装置上的常规方式是用离心泵(见图7-11)。在出口压力为125~225psig下,输送流量限制在每分钟300~500gal之间。钻井液需要达到的设计相对密度是通过公式计算出来的。相对密度为1.7~2.3的钻井液通常输送黏度为100cP,固体含量为30%。固体颗粒的尺寸在0.002~0.003in范围内。

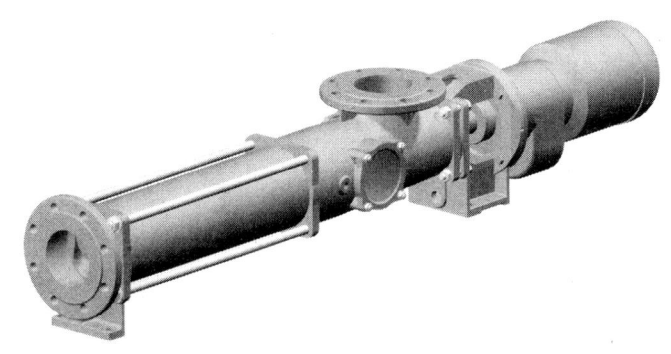

图7-11 安装实例11(科尔法科斯泵厂)

离心泵以每分钟1750转的速度运行,效率大约为40%。相应大小的两级螺杆泵将以每分钟少于300转运行,效率达到75%。这样可以应用小的、低成本的电动机,还可以减少能量消耗。而且流速相对恒定,不受出口压力的影响。较低的波动,便于计量流量。钻井液的低剪切,延长了故障时间间隔(MTBFs)。离心泵必须在较高的速度下才能获得需要的压头。在传输带有研磨颗粒的钻井液时,在离心泵中应用缓冲器延长使用寿命。螺杆泵同所有旋转、容积泵一样,产生流量,不依赖于压头(压力)。螺杆泵的轴密封是安装在可替换的轴套上的常规密封圈。大多数的欧洲补给船已经用螺杆泵来输送钻井液好多年了。

十二、安装实例12:主油泵上加添加剂

一个令人感兴趣的石油添加剂系统是用一个电动机带动两台泵(见图7-12)。主泵由电动机和减速箱驱动,将石油从储存罐输送到加工场所。需要一定数量的添加剂,原油中添加剂的百分含量必须保持恒定,而需要的总量随着时间不断地变化。

辅助的小泵是脱离主轴由皮带传动的,因此需要输送规定数量的添加剂到主管线的出口管线。这样就得到了一个不需要添加剂辅助测量装置的紧凑设计。

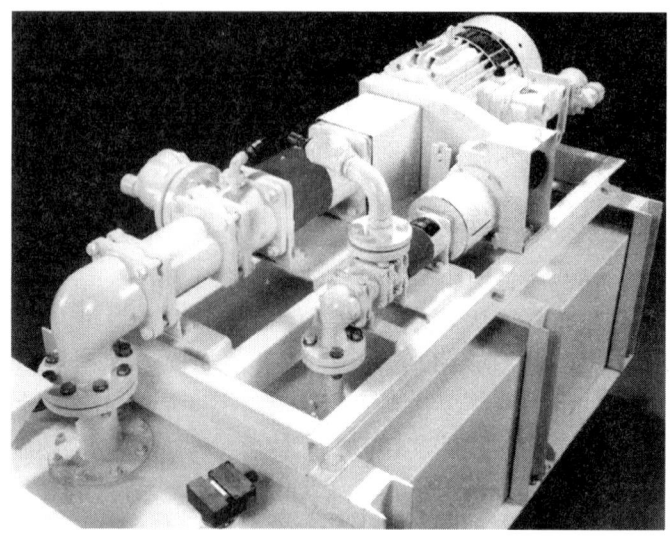

图 7–12 安装实例 12：带有小的附加泵的主油泵模型
（由一个电动机驱动，使输送的石油中的添加剂维持恒定的浓度）

十三、安装实例 13：垂直方向安装

通常限制螺杆泵应用的是由于它的长度造成的占地面积较大。然而，垂直方向上经常没有限制。在这样的例子中，没有什么理由不去垂直安装螺杆泵，如图 7–13 所示，只要在工程上确定泵的轴承能够承受转子的重量就可以垂直安装。大多数情况下，这通常不是什么问题，当然对于每个特殊情况需要验证。

图 7–13 安装实例 13：垂直方向的螺杆泵的安装

第8章 故障排除

当正确地选择和使用螺杆泵时，它很少出现故障，而且适用于大多数情况。即使出现问题，也很容易查找根源。例如，如果没有液体传输，原因同其他类型泵一样——进口管线堵塞，或者转动方向错误，或者在进口管线处有气体漏失。

如果螺杆泵的定子磨损，会发生过多的滑脱，甚至所有液体漏回到进口处。磨损的原因可能是过高的出口压力（依据经验公式，设计泵的大小时选择每级压力为 75 psi）、干转、管线变形和不正确的校核、或者转速太高。螺杆泵的磨损问题是受争议的，因为许多用户强调螺杆泵的信誉声明恰恰就是它们能够处理磨蚀性的物质（见图 8-1）。

因此，如果某个应用中故障率很高，用户时常希望保证维修并快速解决他们假设的泵的问题。实际上，尽管螺杆泵有良好的处理磨蚀性物质能力，但只有在相对较低的转速下才能这样。固体的浓度越高，泵的运行速度应该越低。这就是在最初选择泵时，确定固体的浓度、大小和硬度的重要原因。假如不能确定，最好选择大一点尺寸的泵；这样初始投资可能会多一些，但是能够很好地延长定子的橡胶寿命。

一般情况下，螺杆泵运行无噪音。如果泵有噪音，可能是泵抽空、气体影响或入口管线有气体漏失。长时间的高速运行也会导致噪音，也可能是安装不正确造成的。由于转子的偏心造成的不可避免的不平衡，对于大尺寸泵来说，低转速显得尤为重要，如图 8-2 所示。除此之外，能够承受大负荷的底板和正确的支承结构，以及沿泵长度方向多处锚定，对减少振动也是至关重要的。

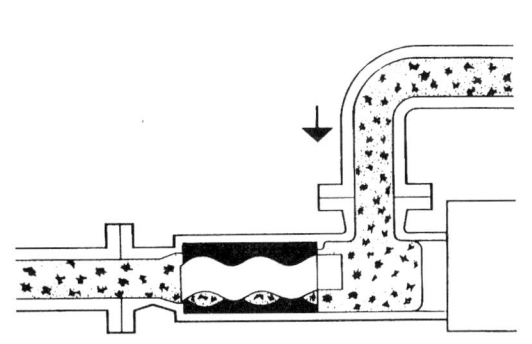

图 8-1 能够处理带磨蚀性固体颗粒的螺杆泵

图 8-2 大尺寸泵的基础底座和支承结构的设计

如果泵消耗功率过高,可能是流体黏度太高了(即高于选泵和设计泵的大小时设定的黏度值)。很明显,运行压力越高,需要的功率就越大,因为所有旋转式泵,轴每旋转一周产生的流量相同(即在给定泵速下,功率消耗与压差有直接关系)。不相匹配的流体可能使橡胶溶胀,增加了定子/转子之间的过盈配合,使扭矩和消耗功率增大。

在传输过程中,当传输距离很长,管线摩擦损失大时,泵必须做额外功以克服过高的压差。根据第3章的内容我们知道,这时需要更多的级数,因为每一级的设计压差是 75 psi(如果磨蚀性物质含量很高,则要求更低)。螺杆泵太长会导致加工问题。但是即使不考虑加工问题,一个非常长的转子会变得柔软,而且中间易发生下垂,导致与橡胶衬套的过盈量过大,使其过热而失效(脱落)。有时可能用几个泵,一个泵将流体泵送到中间开放的存储容器中,下一个泵从这里开始泵送,见图 8-3 和图 8-4。这样就会保证所有泵的进口压力相同,不会升高。

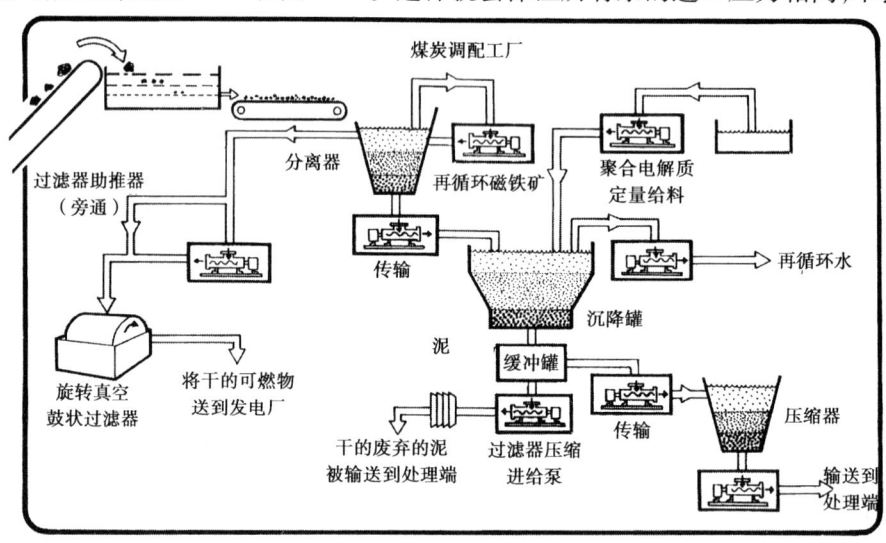

图 8-3 使用几个小(短)泵输送煤炭

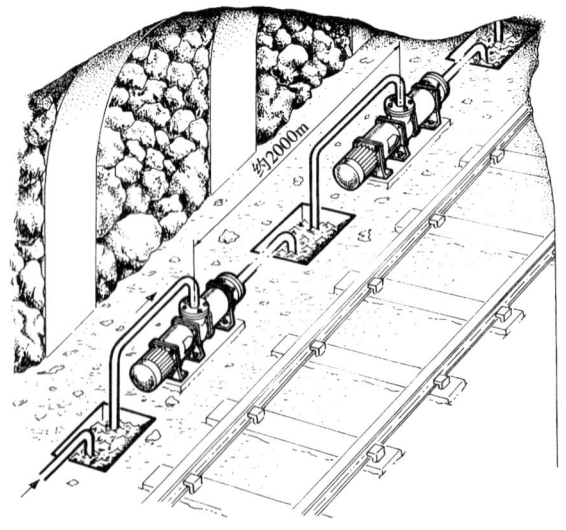

图 8-4 多个泵排成一行通过一系列的中间池来输送煤浆

当泵送的流体具有腐蚀性时,定子衬套可以用比常规橡胶抗腐蚀性好一些的橡胶。有时使用聚四氟乙烯衬套就是这个原因。橡胶层阻止化学物质接触到定子金属,金属层通常是普通铸铁。然而,如果定子末端条件恶化,它们就被简单地切除(一个标准处理方法),泵送流体通过定子末端的界面渗透,最终到达它的入口,由此溶解橡胶衬套和定子管之间的结合剂,最终导致结合剂失效。正确的设计是将橡胶末端延长,使之彻底超过定子管,并向外逐渐展开,形成一个正密封层,阻止化学物质渗入衬套和定子管之间的界面上。如图8-5和图8-6所示。

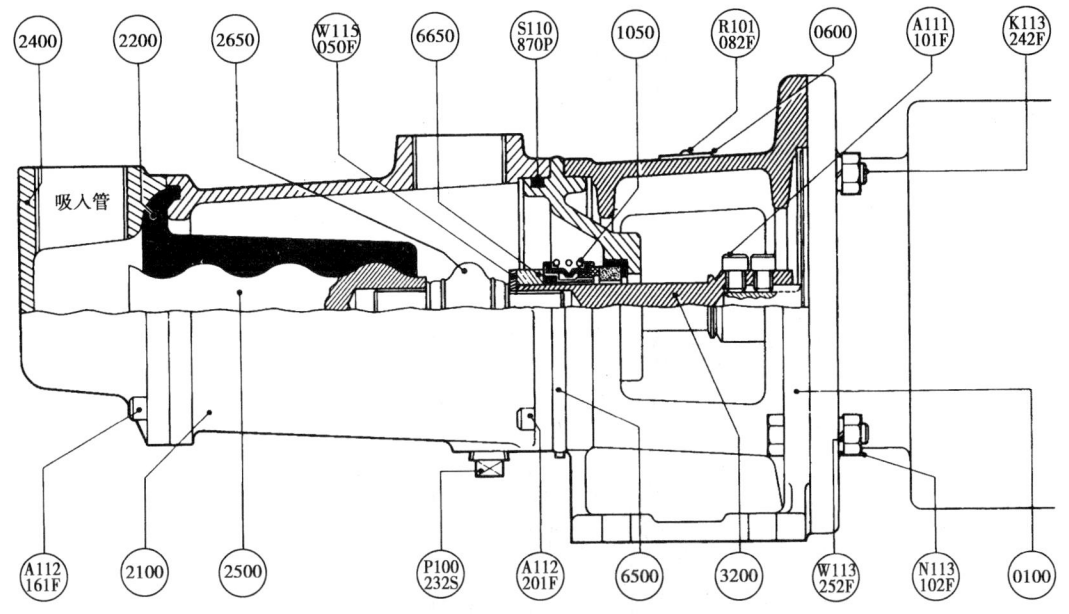

图 8-5　弹性体在末端必须张开完全覆盖衬套和定子管之间的界面

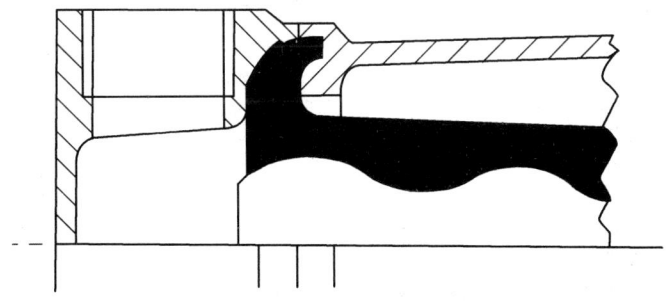

图 8-6　定子端衬套详图

当考虑更换新泵时,可能需要先在临时安装的滑道上进行试验,以避免更换管线和安装基础工作而造成浪费。图8-7显示了这样一个可移动的装置,它能够由维修人员安装,或者完全由制造商提供。

这就是小泵特别吸引人的地方,不平衡力很小,对永久性底座的需求不那么严格,特别是临时性试验。试验期为30d或者60d的协议可以作为保修单的一部分,如果螺杆泵不能满足特定的运行条件和没有达到保证的寿命,用户将返还这个装置。

图 8-7　一个简单可移动的试验装置

即使螺杆泵有极好的净正吸入压头特性和自启动性能,但它们在油田的应用上也会因磨损而逐渐失去优势。磨损增加了定子和转子之间的间隙,使得空气通过这些间隙返回到吸入口,因此,使吸入管线不能被抽空(充满),这将导致干转。如果这种情况持续时间超过 30~60s,而泵没有启动,泵就很容易失效。图 8-8 展示了一个泵通过提升装置吸入。

每一次重新启动后,泵必须是自我充满的或者是人为充满。一个好的系统设计会将进口管线连接到流体的水平面之下,保证泵的吸入口一直处于浸没状态,如图 8-9 所示相似的装置。

图 8-8　泵的进口有一个提升装置(需要充满或自我充满)

图 8-9 采用浸没式进口的泵设计

然而,在一些情况下需要从高处水箱中吸入,而且必须有一个提升装置。这种情况一般是用于危险的、昂贵的流体,如果泵的吸入口处于浸没状态,一旦进口管线失效(漏失),将导致容器内的流体全部漏失到地面。比如,铁路运输车用自充满式泵,通过高处吸入的方式卸载。容积式的泵本来就是自充满式,而离心泵不是(额外带有一个专门的自我充满设计)。

某些黏度极高的物质(如黏土)进入到泵中是非常困难的,因此吸入口设计是非常重要的。有时螺杆泵直接安装在储存罐的下面,并配有漏斗以确保输送物质能够直接依靠重力落到泵的开放式吸入口处(见图 8-10)。

图 8-10 带有漏斗的螺杆泵直接安装在储存罐的下面

即使对于容易输送的物质,螺杆泵没有直接安装在储存罐下,漏斗的使用也是一个很好的想法,因为它将所输送的物质引导到入口处,如图 8-11 和图 8-12 所示。

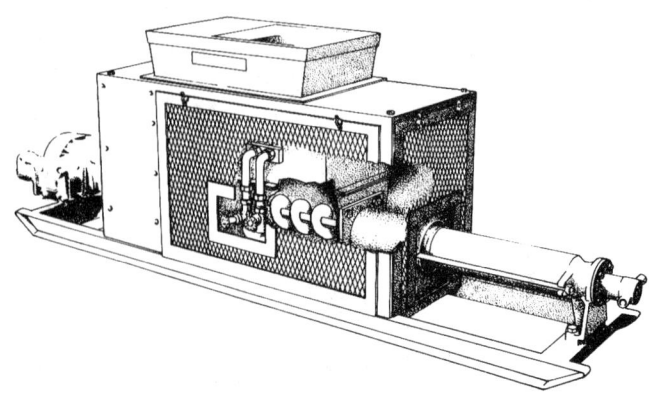

图 8 – 11 漏斗帮助引导被输送的流体进入到泵的入口处

图 8 – 12 橄榄被输送到泵的漏斗中以加工橄榄油

即使借助于漏斗,有些物质也很难从漏斗的底部进入到泵入口处并填充定子与转子之间的空腔。下面讨论一个污水处理厂的应用实例(见图 8 – 13 和图 8 – 14)。

图 8 – 13 污水处理厂

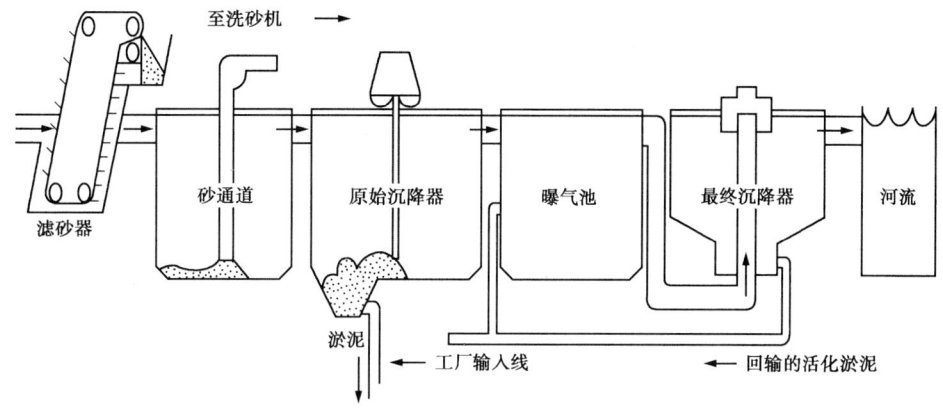

图 8-14 污水处理流程图

输入进来的污水经过一系列的处理后,分离出来未处理的污泥进入到焚烧炉中(见图8-15),而较稀的物质被输送到下一个处理环节中去。

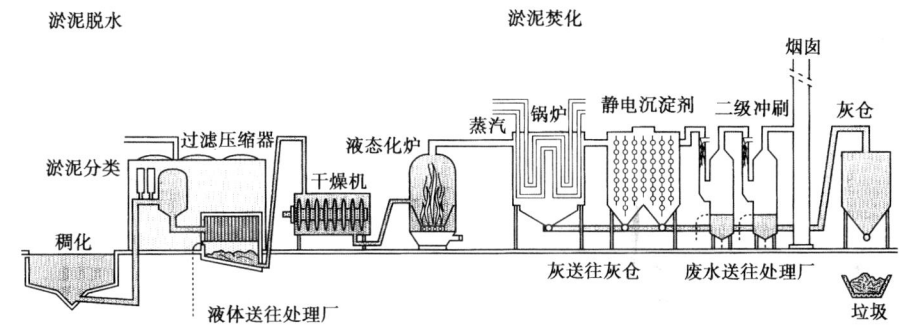

图 8-15 典型的焚化炉示意图

由于这个工厂遇到了稠化淤泥堵塞泵入口的问题,所以在这个工厂扩建(见图8-16)的新设计中引进了泵入口螺旋输送器,其特点见图8-17 和图8-18。这些增强装置解决了这个问题。

在排除泵的故障时,知道工厂内泵的初始运行状况是十分重要的。如果没有这样一个检验,就不能确定是与泵有关的问题还是与系统有关的问题。可能花费了很长的时间排查系统的故障,而最终发现是泵的定子与转子之间的配合间隙不合理。由于大多数泵生产厂家执行质保程序,像这样的错误可能会相对少一些。最有效的、最经济的保证泵成功运行的方法是进行工厂检测。在一些重要应用中,如钻井管柱,如果在钻进过程中螺杆钻具出现故障则成本昂贵而且耗时。

螺杆钻具的制造过程不同于螺杆泵。螺杆泵的制造、销售和准备安装,都是由同一个泵的制造商来完成,而螺杆钻具的制造通常由几个生产厂家共同完成。定子和转子由同一个生产商制造(通常也制造整台泵),但动力管柱其余部分(接头、支撑轴承、密封和钻具部分)由其他生产商装配,这些生产商通常坐落于钻具生产区域的附近。按照目前钻具工业的生产模式,在实际安装到钻井管柱上之前(见图8-19),整套螺杆钻具是很少检验的。

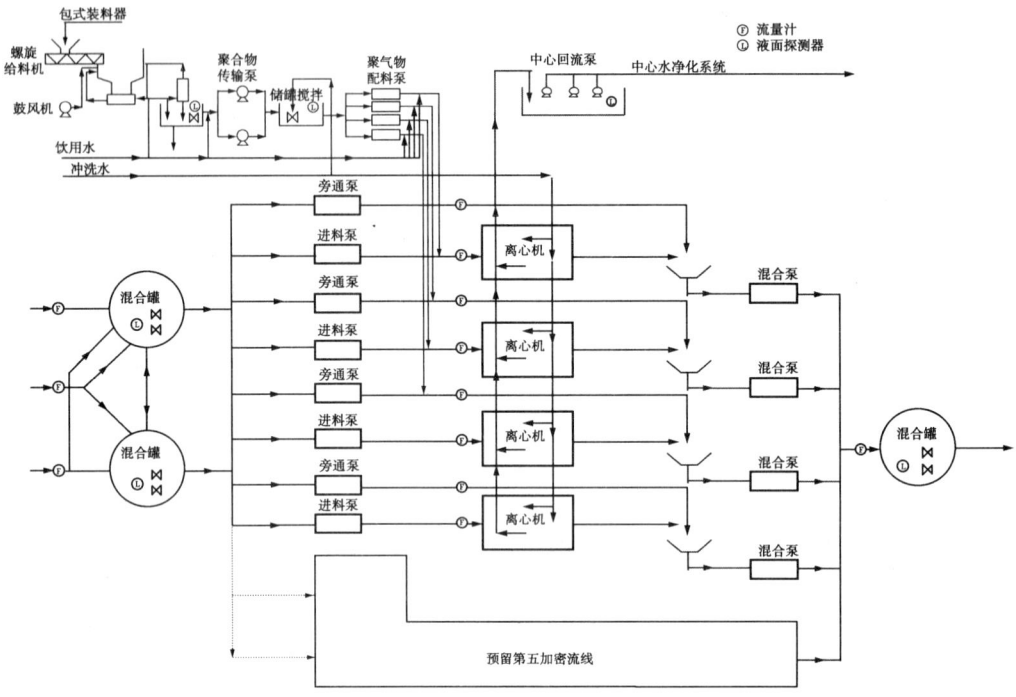

图8-16 典型的正在进行扩建设计的污水处理装置

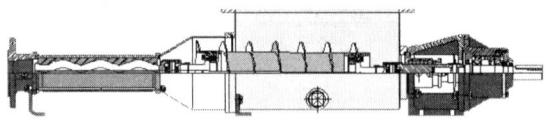

图8-17 帮助输送流体到泵的入口腔室的进口漏斗

图8-18 为输送流体装配有漏斗和推进器的泵

然而,重要部分(动力部分——转子加定子)需要被检验,通常由初始制造商或者装配者,或两者一起检验。图8-20是螺杆钻具动力部分的检验,以获得几种速度下,扭矩与压力的特征曲线。

图8-19　正在钻井管柱上工作的螺杆钻具

图8-20　螺杆钻具动力部分(转子加定子)的检验

根据它们的生产过程,井下螺杆泵(见图8-21)应该是介于中等水平。

井下螺杆泵(DHPs)主要用在石油工业的石油开采上。从技术的角度看,井下螺杆泵的设计比地面螺杆泵或螺杆钻具都要简单。根据制造的数量,井下螺杆泵在螺杆泵机械中占有很小的部分,可能不超过5%。

在动态监测过程中得到的井下螺杆泵实验特性,对于制造商的检测或质保部门是很有用的。建议录取现有设计的 Catalogue - published 标准性能曲线或者新设计的工程评价曲线,以及完整设计的检验曲线。最好参观泵或螺杆钻具制造厂,审查它们相关的质量合格证书(图8-22就是一个为牛奶工业和牛奶产品提供设备的3A合格证书的例子)。

这种证书不只是形式,它会对我们的生活产生直接影响(见图8-23)。

图8-22 3A证书的示例

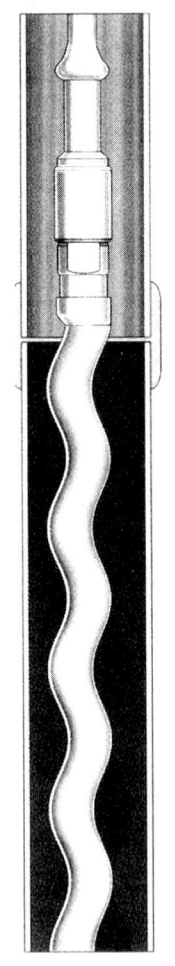

图8-21 井下螺杆泵横截面

图8-23 使用具有3A证书的螺杆泵生产的一些产品

当参观泵生产厂时,最好视察一下生产设备,从转子和衬芯磨铣(见图8-24),到抛光和贮存(见图8-25),再到定子橡胶注入过程(见图8-26)。

图8-24 转子的磨铣

图8-25 橡胶注入管柱模型中使用的衬芯的存储

确定质保部门保留定子和转子的最终测试记录,以及对售出产品的较好跟踪(见图8-27和图8-28),也是非常重要的。

综上所述,螺杆泵具有非常广泛的应用前景,而且新的应用领域不断被评价和应用。作为问题的解决者,螺杆泵的多功能性和稳定性迅速得到好评,同时它们的设计正在被广泛认知和

图 8-26 定子弹性体的注入操作

改善。然而,液压部分几何结构的复杂性(转子在定子内,形成复杂空腔)仍然是用户、设计者和承包商的主要障碍。但是,没有必要将几何结构的复杂性,转化为维修的复杂性。一个设计良好的螺杆泵不应该在装配和维修方面有困难(见图8-29)。

用肥皂水或油润滑,转子很容易被压入定子中。对于紧密的过盈配合,螺杆泵有时会启动困难,在这种情况下建议使用大功率电动机。如果有可能(尤其对高黏度流体),最好在定子和转子之间使用宽松配合(间隙配合);这样会很好地改善磨损和延长使用寿命,同时更加容易启动。

有关这些问题的技术论文已经开始在会议和杂志上出现。目前,与设计有关的技术信息很少出版,大部分资料掌握在少数生产厂家的工程部门。甚至这些信息经常以经验形式存在,而不是基于基本原理。因此勒内·穆瓦诺的初始工作是把大量的研究工作放在应用方面而不是基本设计优化。然而,也有几个例外,具有特色的新设计(如挠性曲轴),以及先进的工程工具已经出现(见图8-30)。

图 8-27 转子在配合测量的机器上

图 8-28 定子尺寸很重要(弹性体的塑造工艺同金属转子相比较更难于建立和操作)

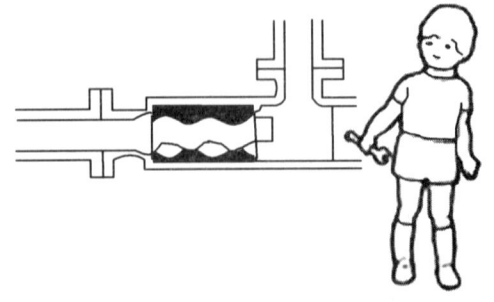

图 8-29 一个设计良好的泵在维护过程中应该很容易操作

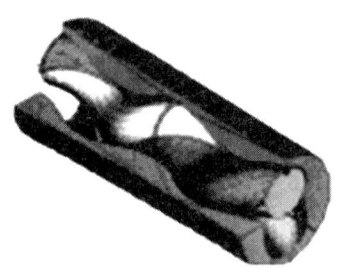

图 8-30 螺杆泵的 CAD 模型

在故障排除方面,这些技术有助于确定危险点和由于配合间隙过紧导致的过度偏磨倾向、热膨胀影响等。

因此,在泵的工业中,除了需要一本综合性技术书,将专业术语同说明(用简单的术语)运行原理联系起来,为相关的应用查询提供基本参考以外,还应该总结一下螺杆泵在其他类型泵中的状况和地位。

因此,本书接下来的部分,为泵设计原则奠定了基础,为进一步提高和完善建立了结构和机理。我们将继续收集和检验来自于泵设计者、用户和应用团体的反馈信息,以便本书接下来的版本能提出新观点、信息、评论,并建议进一步解释、提升和应用这些类型的泵。

在系统中发现并排除螺杆泵故障是一项需要时间去发展的技能。本书的宗旨是缩短这个时间,同时为确定问题原因提供框架。

在任何泵输系统中,泵是最易损坏的部件。因此,不管出现什么问题,症状常常显示好像是泵的问题或者是由泵引起的损坏,泵被看做是故障的根源。大多数声誉好的泵制造商不会生产出有很多缺陷的泵。问题通常是由一个部件失效、泵排量控制不好,或运行条件变化使系统或泵不能适应而引起的。

确定这些原因中哪一个是主要原因通常不是一件容易的事,但是开放思维会有帮助。机械和水力方面都可能和故障原因有关。例如,泵漏失可能是由驱动轴损坏(机械原因)引起,或者是由于黏性流体的入口压力降低,产生气蚀(水力原因)引起。

这里,我们对特殊工业或调整应用没有作出规定。一些抽汲系统用于处理有毒、腐蚀、可燃或者其他危险液体,因此需要特殊的预防措施,这超出了本书的范围。一些旋转泵系统用以维持生命或运行在重要或卫生行业,在这里一旦出现问题会产生很严重的后果。一定要了解在系统中以及涉及人员安全的地方,发现故障并排除故障的重要性。

一、在开始排查故障之前

在排查故障之前,一定要保证泵进出口的压力表是可用的。泵入口处的温度表也能提供温度信息,根据用途或问题而定。如果系统中没有装备测速装置,可以用手提式流速计或脉冲式流速计测量泵转速。

另外,在移除保护或进行任何系统检测之前,要确保驱动装置已经关闭并已做出标记。如果系统包括蓄电池、脉动消除装置,或其他弹簧或者压缩气体能量存储装置,那么在对系统任何部分进行工作之前,一定要保证它们内部的液体完全排出。要遵守所有公司和工厂安全条例和准则,减少人员或系统的内在伤害。

在这个综述里,我们将探寻揭示曾经运行良好的系统存在问题的方法。在某种程度上,该方法不同于新系统的第一次启动。新系统出现的问题,如阀门装反、组件缺失、布线错误、大量的加工碎屑、管道变形等经常出现。

二、信息采集

从泵持续安全运行开始,记录下任何变化,不管是否与问题相关。系统是否进行常规维修?是否更换了任何新的或修复的零件?最后一次检修是什么时候?检修了什么部件?泵内部组件的外观和状况如何?更换的部件从哪里得到?对于循环系统(比如润滑),是用新的液体还是添加原液体？对于临时系统(如添加剂注入系统)，添加剂供货商、添加剂等级或添加剂温度是否发生变化？在出现问题之前泵运行了多长时间？用你所能做的简单直接方式描述问题。

记录泵正常运行时的状况如下：

(1) 入口压力；

(2) 出口压力；

(3) 流量；

(4) 泵速；

(5) 液体；

(6) 液体的最大和最小温度；

(7) 液体的最大和最小黏度；

(8) 连续或间歇负荷周期。

在泵持续平稳运行中，注意泵噪音、振动出现或消失的变化情况。这两种特征中的一个或两个发生变化，表明出现了一些特殊情况，要作为故障的可能性因素进行检查。

三、流量漏失和低流量

确保泵的旋转方向是正确的，这是一个很显然但却经常被忽略的问题。确保运行速度正确(尤其对不止一个速度运行的驱动装置，比如变速驱动装置、涡轮机、发动机等，更是如此)。流量漏失经常伴有系统压力降低，或者是泵输送较少的流量，或者是系统轻微漏失，例如通过一个有缺陷或磨损的安全阀、支路阀或压力控制阀。泵可能被磨损或内部漏失(滑脱)，以至只有较少的流量到达系统。在这种情况下，泵需要维修。对泵内部零件的局部检查通常会发现磨损情况。如果液体的运行黏度降低(有新液体加入或高温下运行)，由于一些液体"滑脱"回到吸入口(即循环)使旋转泵的流量将会轻微减小，对于高压运行这种情况更严重。

四、吸入口漏失

吸入口漏失较小，则几乎不造成危害；如果漏失很大，则是灾难性危害的主要原因。吸入口漏失意味着液体流量不能到达泵的组件中或不能以足够高的压力进入泵中，以至于在泵的组件吸收大量的输送液体时，不能保证其处于液态。吸入口漏失可能因泵不能启动、气蚀或气体含量问题引起。

螺杆泵是自充满的。这就意味着，在一定范围内，螺杆泵有能力抽汲一定量的空气从进入(吸入)口到排出(出口)系统。然而，旋转泵往往不是很好的空气压缩机，泵排出口将会被暂时排空而允许进口处气体在低压下从排出口放出。如果可能的话，用液体充满入口系统，或者至少充满泵(润湿泵的组件)，将使泵的启动能力得到很大改善。

气蚀是泵没有足够的系统入口压力产生的，这个压力能预防液体部分的气化。这种情况可能由入口系统节流、过高液体黏度、泵转速过高而导致。入口节流有可能是杂质或其他物质堵塞了进口滤网、液体中的漂浮物覆盖了管线系统的进水口，或者没有被清除的破布或小法兰盘落料进入系统而造成的，尤其是维修之后更有可能。如果液体温度低于设计温度，它的黏度(稠度)会过高，在管线系统的入口处产生过大的阻力(压降)。在后一种情况下，有必要升高液体的输送温度。如果输送的液体变了,应该检测它的黏度—温度特性变化,或气化压力—温度特性的变化。

气蚀是运行系统的进口压力—温度特性综合作用,以致达到了液体的汽化压力(在输送温度下,液体转换为气体的压力)而引起的。液体开始部分汽化后,泵就不能处理这种可压缩的气液混合物。

气蚀会经常伴随有噪音、振动,排出口压力波动也明显增加。一定程度的气蚀会导致输送单元上产生点状腐蚀,就像船舶螺旋桨叶片上看到的一样。

入口流体中携带的气体(与液体变为气体相比)对泵的运行有同样的影响,与漏失、振动等产生的气蚀具有相同的症状。但是与蒸汽比较,气体不会产生腐蚀损害。它可能由源头液体的涡流产生,它将气体夹带到液体中。如果泵在入口压力低于大气压下运行,很有可能使空气通过不牢固的管线或泵管连接处(一个有渗漏的入口阀杆,或由缺陷、划痕、褶皱或其他原因损坏的入口系统的连接密封圈)进到入口管线。在循环系统中(比如一个润滑系统,液体不断地送回到供给源或储罐),如果储罐和回流管线没有很好的设计、定位、选择大小,空气就很容易进入到液体中,并立即被泵入口系统吸入。要保证源头液面处于或高于最低运行液面。供给罐的回流管线在低于最低液面时就会停止运行。因此储罐内部的节流板是必要的,可以提供足够的储罐空间,保证停留时间,这样,夹带的气体会更容易地释放掉。

五、排出口压力低

泵排出口压力是由系统对泵提供的流动产生的阻力引起的。如果它很低,那么有可能或者是泵没有提供预期的流量,或者是系统没有提供预期的流体阻力,这样有可能使流体被限制入泵(气蚀或吸入口压力低)。这时通常会伴随着噪音和振动,泵的流量不能达到额定流量(泵磨损、损坏或驱动速度太低),或者泵的流量绕道而行而不是被输送到预期的系统中(可能的原因有排出系统的阀门是全部打开的、安装不正确、损坏或磨损)。如果泵相对较新,而且不是在有磨蚀的环境中应用,最大的可能是出口流量绕道而行。像这样不希望的支路最有可能的路径是:系统的减压阀、支路调压器漏失、不经意打开的旁通阀、这些阀中任一阀的阀座磨损、没有完全关闭的阀杆、不正确的信号控制、弹簧损坏等。

现场检查,如果没有支路干扰或泵已经校正,许多泵可以很快地运行起来。如果用手或借助一个小杠杆不能使泵平滑转动,那么泵可能真的出了问题。先用视觉检查泵的内部,需要移开泵定子以显露它的内部情况,以及转子的状况。这时候应该能很容易看到足以使泵压力降低(流体漏失)的磨损。

有时检查一个阀门是否出现了不该有的旁通是很困难的。最好的方法是拆下阀门,局部拆卸,检查配套的阀座表面、阀座密封是否磨损和损坏。检查所有弹簧,以保证没有断裂。如果可能的话,用手转动阀门的机械装置,确定是否有阻力和破损。

如果问题还没有找到,应确保驱动装置的速度已经达到,而且实际泵轴在正确的速度下转动。对于一个新系统的启动,这些尤为重要。

六、过度的噪音和振动

正如前面已经讨论的,过度的噪音和(或)振动是可能有气蚀的症状,也许是因为吸入口压力不足,或液体中含有过量气体。对于出口压力波动或跳动的现象,噪音和振动的机械原因包括轴的非线性、连接松动、泵和(或)驱动装置的固定设备松动、传动装置或泵轴承磨损或损坏、阀门的噪音,听起来好像都是来自泵的原因。阀门,尤其是泵出口端的阀门,有时因运行压力、流量和阀的设计等,出现水力振动。重新安装或更换阀内组件通常可以解决这个问题——咨询阀的供应商。如果驱动系统包括减速器、皮带或驱动链条,那么皮带轮和链轮的定位是非常重要的,应该进行检查。

七、能耗过高

机械问题或水力问题都能导致能耗过高。对于螺杆泵,泵的能量需求与压力和速度成正比例关系。如果两者中任一量增加,那么需要的输入功也会增加。如果流体的黏度增加,需要的能量也会增加。如果液体改变或液体的运行温度降低,就会出现这种情况。一些液体对剪切非常敏感(比如润滑油),在剪切时(泵输送中),它们会增加或降低黏度。它们也可能在剪切时随着时间的推移保持恒定的黏度变化。

机械原因包括轴承磨损、泵组件磨损导致泵失效、轴不对中、皮带轮和皮带不对中。

八、泵快速磨损

泵快速磨损是因为液体中有磨蚀性颗粒或泵在不适应的条件下运行而造成的,如过低黏度、过高压力或高温条件下。假如泵应用的环境中有磨粒是正常状况(如输送泥浆),那么泵磨损就是一个事实。在这种情况下,最需要做的是选择泵和驱动速度,使泵在使用周期内提供最佳经济价值。在磨蚀环境中的低速运行需要较大的排量和更加昂贵的泵,它的回报远远超过初期购买成本的差值。液体中颗粒产生的磨损使能耗速度上升,通常为正常情况下的 2~3 倍。很明显,如果不希望有磨蚀性的外来物质出现,使用筛网或过滤器,无论哪里都是可行和适用的。

快速磨损不是因泵不耐磨而出现的磨损,而是迅速发生的灾难性的泵失效而造成的。只看泵内部零件通常对确定一个搜索方向不能提供太多的帮助。也就是说,在问题出现之前就知道将要发生什么是十分重要的。

九、应用中的螺杆泵组件

图 8-31~图 8-49 展示了某个运行状态对螺杆泵组件的影响。

右端是入口端,很明显,从内表面看材料已经被撕碎

图 8-31 无润滑运行的单级定子轴向剖面图

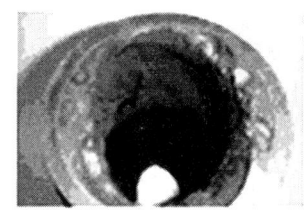

图 8-32 严重无润滑运行的出口端

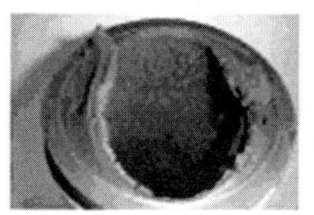

图 8-33 图 101 中定子的进口端

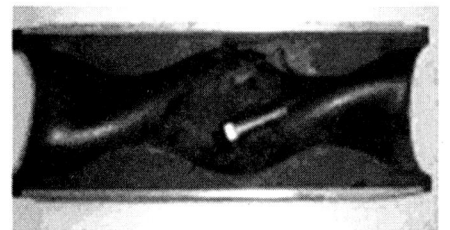

图 8-34 一个大的外来物留在泵内并使定子严重损坏

图 8-35 定子内的弹性体已经膨胀并从定子的末端鼓出来

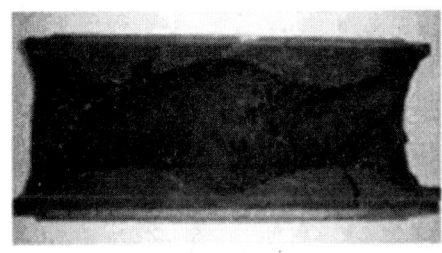

图 8-36 由化学侵蚀引起膨胀和因膨胀使弹性体机械磨损的单级定子截面图

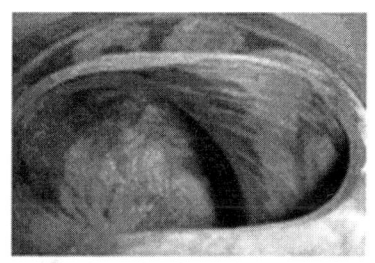

图 8-37 液体中含有细小颗粒使定子长期磨损的典型例子

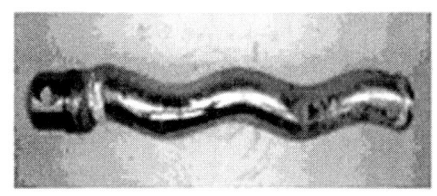

图 8-38 磨损严重不能再用的转子

转子的末端在定子的外面，受到很小的磨损。从转子外径尺寸的变化可以看出，磨损非常严重

图 8-39 图 8-38 中转子出口端的特写镜头

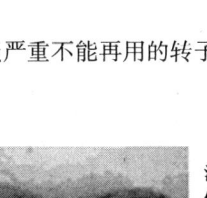

没有很深的划痕，但是出口端（右）直径的变化还是很明显的

图 8-40 转子已被液体中非常细小的磨粒磨损

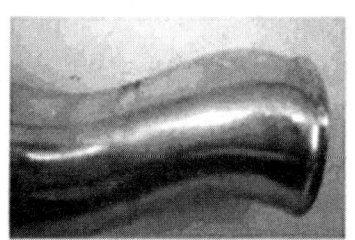

图 8-41 图 8-40 中转子出口端的特写镜头（直径的变化清晰可见）

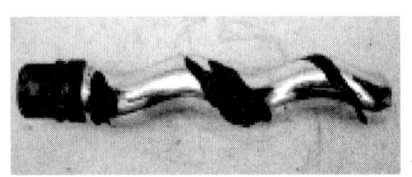

图 8-42　转子的镀铬表面受到机械磨损和化学侵蚀
（改变转子的材料可能会减少或消除这个问题）

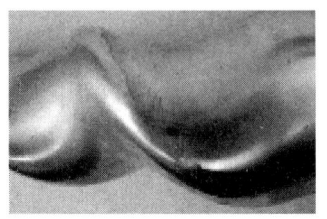

图 8-43　转子同定子接触的地方的
一些镀铬表面已经磨损

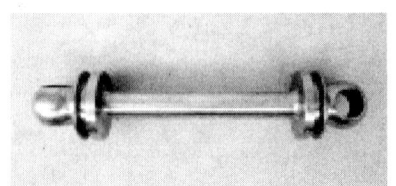

图 8-44　连杆（有时也叫耦合杆）

图 8-45　具有硬化衬套的连杆
左边是驱动端，右边是转子端，驱动铰接已经磨
损并穿过衬套磨损到连杆，连杆装配需要更换

图 8-46　图 8-45 中转子上的硬化驱动铰接
这个部件来源于一个已累计运行 22000h 的大泵

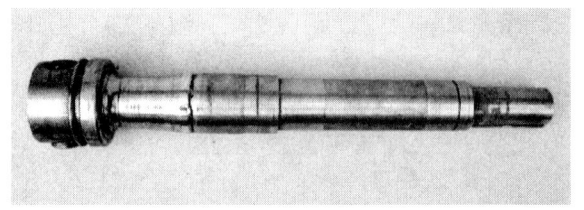

图 8-47　用密封盒密封泵的驱动轴
由于重复使用密封盒却没有取出旧的密封填料，连续拧紧
密封盒压盖，使密封盒同轴之间有一个非常硬的接触

图 8-48　泵轴密封盒密封处的直径的特写
轴的颈部严重磨损，可能导致扭转轴失效

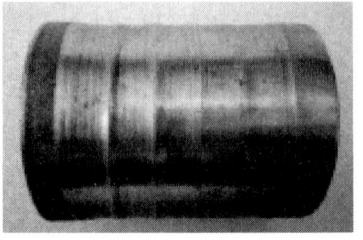

图 8-49　安装到泵轴轴套上的密封环的正常磨损
由于价格相对便宜，轴套用来防止磨损泵
轴上的较昂贵的密封环

螺杆泵转子同定子之间通常是过盈配合。螺杆泵依靠液体提供低摩擦滑动接触,同时带走摩擦产生的热量。没有液体,转子很难在定子内转动,将导致局部过热使橡胶损坏。定子可装配热传感器(温度开关),以便检测出热量的增加和发出警报,同时(或者)关闭驱动装置。

建议使用滤网阻止外来物体进入泵中,或者至少限制进入泵中物体的大小,以减少损坏的几率。

无润滑表示橡胶和泵送液体的化学性质不配伍。当橡胶溶胀时,定子内径减小,增加的摩擦和热量会使定子和转子之间的状况进一步恶化。这说明泵组件材质的选择非常重要。

定子和转子之间的过盈配合逐渐转变为间隙配合,泵流量逐渐减少,直到不能满足预期目标。此时,定子需要更换,并检查转子是否适合新的定子。

图8-43所示的转子可以将镀铬层剥落,再重新利用以延长它的使用寿命。

一端连接泵的驱动轴,而另一端连接泵的转子。两端的大孔用来穿套管和驱动器引脚,以允许转子在定子内做偏心运动。根据设计和制造要求,大孔相互平行。图8-44显示的是卡泵时,连杆扭转了近90°。消除卡泵因素后,这个连杆需要更换。

有一个很明显的倾向,把所有问题归咎于泵。这通常导致系统其他方面的问题被忽视,使真正的问题仍然模糊不清。一个开放的和探索的方法,通常有助于确定问题的真正根源。

第9章 螺杆泵的选择和尺寸设计

如果查阅大多数机械工业有关泵的制造统计,会发现小型机械设备的制造数量远大于大型机械设备的制造数量。小型机械被大量地制造证明了在这种高效益的生产方法上投资是正确的。如果不能证明大型机械投资的合理性,则这种投资就会被尽可能拒绝。大型机械所需的材料的数量也容易抬高它的制造成本。但是从另一方面讲,大型机械的工作效率比小型机械高。

那么螺杆泵大小的选择与什么因素有关呢?经济因素和竞争压力驱使对螺杆泵的选择倾向于在最高的实际转速下选择最小的尺寸。倘若考虑所有用户系统的需求,使其满意,并长期使用,这种做法并没有内在的错误。

建议由训练有素、经验丰富的螺杆泵制造人员来设计螺杆泵的大小。电脑程序通常只是用于泵的预选,只有螺杆泵专业人员才能在一批备选的泵的尺寸中做出最后决定。

泵的选择和尺寸设计应按照以下步骤执行:

(1)列出泵的技术要求清单;

(2)选择泵的大小、速度、几何形状和级数;

(3)选择材料(转子、定子、进出口管材、连杆、涂层、"O"型圈、垫圈等材料)与轴密封方式(有无冲洗功能的密封盒,单个或两个,或者串联的机械密封,能够冲洗还是禁止水循环);

(4)选择减速器的类型(齿轮、滑轮、变速装置等);

(5)选择驱动器(电动机、内燃机、涡轮机、水力设备或气动设备等)。

限制螺杆泵运行速度(规定了泵的大小和成本)的主要因素是:

(1)系统有效的净吸入压力;

(2)转子与定子的摩擦速度;

(3)输送液体中固体物质的种类和含量。

这些限制因素可能会因厂商、设计特点和制造材料的不同而改变。由于存在磨损,泵的寿命反比于泵速度的平方和三次方之间的一个值。低速有利于延长泵的使用寿命,但在相同流量下,泵速越低,泵的尺寸越大,它的一次性投资就越高。

对容积式泵,美国石油协会出台了 API-676 标准。它是泵技术要求的一个很好的来源。然而,也许更重要的是本标准包含了一个数据表,这个数据表可以方便用户或购买者查询,也可以供销售者或制造商引证使用。它收集了用户需要的大量的相关数据,泵送液体的种类和泵的运行条件。它对所有普通泵的要求做了一个很好的概述,但是它没有收集关于固体含量的信息。因此,至少应增加:

(1)固体质量百分比;

(2)最大颗粒尺寸;

(3)最大纤维物质长度;

(4)对所含固体物质的描述,尤其是与泵磨损相关的固体。

典型的泵的选择中,系统净正有效入口压力(NPIPa)至少要等于(最好超过)泵需要的系统净正入口吸入压力(NPIPr)。如果读者对离心泵熟悉,相应的术语是 NPSHa(净正有效吸入压头)和 NPSHr(需要的净正吸入压头)。对螺杆泵而言,经常处理多相液体(例如含有固体或气体和泡沫),这些流体以块或团的形式输送到泵,而不是连续输送,这使得"净正入口吸入压力"概念逐渐变得更加模糊。泵制造商收集的一些经验数据为用户提供了关于在泵关闭入口之前尽可能地充满泵入口空腔的最大泵速的指导。许多螺杆泵都配有一个螺旋推进器,推进器焊接到连杆(连轴器)上,以此来强制流体从入口进入到泵。单独的驱动推进器还可以配备供给漏斗式泵,来迫使稠的、高黏度固体物质进入到泵的螺纹内。

当转子在定子内转动和振动时,转子与定子的摩擦速度是转子外径的最大表面速度。由于转子和定子在运行温度下通常是过盈配合,在泵送清洁、低黏度(不含固体物质)的流体时,摩擦速度应该限制在大约 16ft/s。这就意味着大排量泵与小排量泵相比需要在更低的转速下运行,事实上大多数容积式泵都是这样。

一、例1:泵的尺寸设计

液体:中级废水污泥;

流速:100gal/min;

压差:50psi;

最大颗粒尺寸:0.25in。

首先,依据表9-1对各种物质的磨蚀程度进行分类。在我们这个例子中,只有一种介质。如果不能确定,选择下一个较差的等级。

表9-1 输送物质的磨蚀程度分类表

磨蚀度	黏度	最大摩擦速度,ft/s	最大转速[①],r/min	流体例子
重度	非常高	<2	450	石蜡滤饼、石灰浆、初级废水污泥
中度	高	2~4	925	中级废水污泥、木屑、无水壁渣
轻度	中等	4~8	1800	烘干泥土、井底落物、饼干状填料
无	低	8~16	3000	聚合物、油脂、油

①磨蚀或黏度速度限制(可能低于力学上的速度限制)。

根据表9-2,能够处理指定微粒大小的最小的泵是"K"型。如果忽略滑脱,"K"型号泵将需要在 100(gal/min)/25.099gal 及 100r/min×100 或 398r/min 下运行。在 398r/min 情况下,摩擦速度为 398r/min×[1.95(ft/s)/(100r/min)]/100,或者 7.76ft/s(见表9-3)。该摩擦速度远远超过推荐的中等磨蚀流体速度 2~4ft/s 的最大范围(见表9-1)。检验接下来的几个更大型号的泵,显示最优选择是"N"型号。在接近最大推荐摩擦速度范围和超过一些情况下运行的最小型号泵,可以处理最大的特定的颗粒尺寸。

表9-2 各种泵型处理能力表

型号	综合排量② gal/(100r/min)	最大排量① r/min	最大排量② gal/min	摩擦速度,(ft/s/)(100r/min)	最大颗粒尺寸,in	最大纤维长度,in
A	0.053	3000	1.6	0.22	0.03	1.0
B	0.099	3000	3.0	0.3	0.04	1.2
C	0.198	3000	5.9	0.42	0.04	1.4
D	0.396	3000	11.9	0.49	0.06	1.4
E	0.793	2500	19.8	0.64	0.08	1.4
F	1.651	2000	33.0	0.79	0.10	1.7
G	3.303	1600	52.8	0.98	0.12	1.7
H	6.605	1200	79.3	1.33	0.15	1.9
J	13.21	1000	132.1	1.57	0.20	2.4
K	25.099	800	200.8	1.95	0.27	3.1
L	36.328	700	254.3	2.21	0.27	3.1
M	49.538	650	322.0	2.46	0.37	3.9
N	66.05	575	379.8	2.66	0.37	3.9
P	95.773	500	478.9	3.15	0.55	5.1
R	178.336	425	757.9	3.84	0.79	8.3
S	330.251	330	1089.8	4.59	0.98	9.8
T	627.477	275	1725.6	5.71	1.18	9.8

①力学速度限制；
②理论(忽略滑脱)。

表9-3 各类泵的摩擦速度

型号	综合处理量,(r/min)/(100gal/min)	摩擦速度,ft/s
K	398	7.76
L	275	6.08
M	202	4.97
N	151	4.02
P	104	3.28

一个常规定子的制造过程中使用普通圆柱形管作为外部结构,它坚固而且相对便宜。然而,在注塑过程中,当橡胶衬套注入管子内径和可拆卸衬芯之间时,橡胶壁厚沿定子的长度变化,从最小设计厚度到可能为其两倍的厚度。这种类型的定子就是众所周知的不等壁厚定子,目前在用的泵,大多数是这种类型(见表9-4)。

表 9-4 在用泵的壁厚情况

磨蚀度	最大 PSID/级		
	不等壁厚		等壁厚
	1:2 几何比例	2:3 几何比例	1:2 几何比例
重度	15	22	30
重度	35	52	70
轻度	60	90	120
无	87	130	175

等壁厚定子已经开发出来了,目前已经得到证明能够改进泵的性能。它是用一个金属铸件制造而成,该铸件的外部金属壳具有同模具内径一样导程的螺纹。因此在整个定子的长度上橡胶衬套的厚度是均匀的。尽管铸件定子比管子要贵出很多,但它需要的橡胶很少。如果橡胶很贵(例如炭碳氟化合物),定子的总成本就会降低一些,减少了泵的初期投资和更换定子的成本。

当转子在不等壁厚定子内转动时,在厚壁和薄壁处对橡胶(橡胶的弯曲)做的功是不同的。这比等壁厚定子泵需要更多的启动和运行扭矩。不等壁厚定子衬套的不均匀弯曲在橡胶内产生不均匀摩擦热,同时不均匀的散热能力限制了每级泵的额定压力值。等壁厚定子内的橡胶的均匀弯曲,在同样级数下,允许的每级额定压力值是不等壁厚设计最高值的两倍。在高额定压力下,磨蚀固相含量应该保持最低,以合理延长等壁厚定子寿命(见图 9-1)。

图 9-1 标准定子(左)和等壁厚定子(右)设计和剖面比较

1:2 螺纹比的两级泵或者 2:3 螺纹比的单级泵能够满足特殊的输送要求。级数多能够减少每级的压力升值,将明显地延长泵的使用寿命,尤其对有磨蚀性物质的输送效果更明显。

二、例 2:泵的尺寸设计

液体:聚合物;

流速:5gal/min;

压差:150psi;

最大粒径:无,流体清澈,低黏度(100cP)。

首先,确定磨蚀等级(根据表 1 确定为"无")。依据表 2,最能提供指定流速的最小泵是"C"型。忽略滑脱,需要的流速是 {5(gal/min)/ 0.198 [gal/(100r/min × 100)]},或者是 25.25r/min。总的摩擦速度是 25.25 × 0.42ft/s,或 10.6ft/s,摩擦速度属于推荐值中的中级速度。1:2 螺纹比的单级泵能够满足这个要求,1:2 螺纹比两级不等壁厚泵也可以满足要求。

除非使用一个变速传动,实际泵速取决于驱动装置的加载速度和实际的传动比(由减速器提供)。在第一个例子中,实际有效比值可能被限定在 380r/min 或者 405r/min。在这种情形下,流速和摩擦速率需要换算到实际期望速度去鉴定泵的性能。显然,如果需要的流速很高,就应该选择高速减速器。如果需要的流速不高,稍微降低传动比就会减少一点流量,同时减少一点功率。值得注意的是,在螺杆泵工业中,转动的标准方向,从面对泵轴的方向看,是逆时针。大多数螺杆泵是通过减速装置驱动的,减速装置的转动方向同输入的驱动转向相反。

由于转子和定子之间的过盈配合,需要的泵启动扭矩要远大于泵正常运行时需要的扭矩(见图 9-2)。这两个值都必须计算出来,选择两个值中较高的一个用来选择驱动装置。计算方法通常是螺杆泵制造商的专利。减速装置的无效允许量也一定会影响所需驱动设备的最终功率。

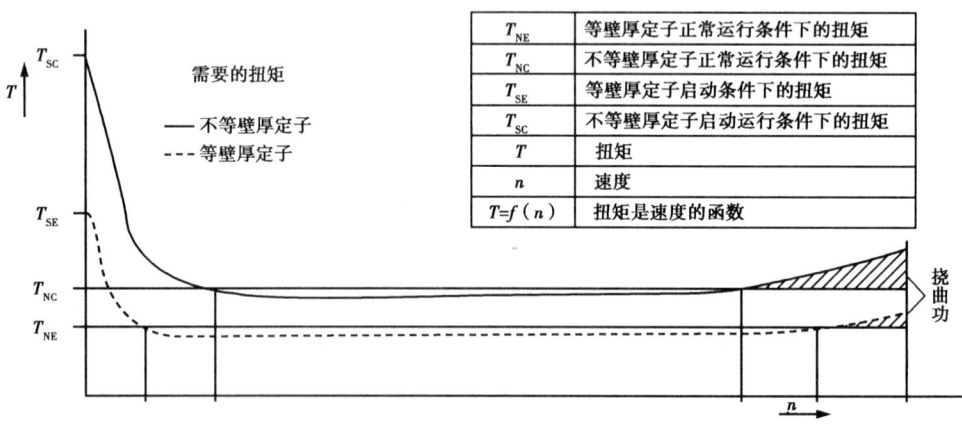

图 9-2 启动扭矩关系曲线(标准设计定子和等壁厚定子)

由于定子和转子的温度升高,泵送的流体温度超出温度范围 50~115℉,转子外径通过(冷)胀或(热)缩方式去维持转子和定子之间需要的过盈量。如果一个转子在高温下运行尺寸变小,那么工厂的标准检验就不能得到高温环境下运行的相同排量。室温条件下的检测,会产生较低的流速,由于新转子和新定子之间的过盈量很小或没有。

一些螺杆泵配有可调节定子。定子的外径上有轴向槽,并在沿长度方向上装有加紧带。当加紧装置被拉紧时,定子和转子之间的过盈量可以控制,以适应泵送流体温度的变化。它们也可以通过修补损坏的定子,得到和新的定子一样的过盈量,以补偿磨损。

三、金属定子

金属定子,也称为刚性定子。当技术要求、运行条件以及经济问题得到均衡以后,也可应用金属定子。与橡胶定子相比,金属定子每级能够承受更高的压力,每级超过500psi。金属定子泵经常用于泵送5000cP以上的流体,而且在高压下允许使用较短的泵,而这对螺杆泵来说几乎是不可能的。定转子之间是间隙配合。因此,转子的拆卸、清洗、安装更加容易和快速。在每个移动部件都需要清洗的应用场所,比如在食品加工厂,这是特有的优势。在食品加工厂,产品经常要输送,包括肉的乳状液、饼干充填物、蛋糕和饼干糖衣、葡萄糖、胶、糨糊、热油脂和糖浆,除此之外还有油漆、热树脂、涂料以及类似的高黏度物质。

各种各样的不锈钢金属定子以及不锈钢工具都可以得到。因为定子和转子之间没有接触,消除了橡胶磨损颗粒产生的污染。金属定子螺杆泵能够处理高温物质,在驱动头改进后,能够承受500℉的高温。在每级同样压力条件下,金属定子比非金属定子有更高的耐磨性,同时,使用寿命是非金属定子的10倍。金属定子比大多数橡胶有更广阔的化学配伍性。当应用在高压环境中,低级数金属定子泵的初始投资,同一个多级橡胶定子泵差不多。通常,金属定子螺杆泵最大速度是400r/min,最大颗粒直径为200μm。使用低级数金属定子泵(和对应的转子),在转子上的黏滞阻力很小,而且减少摩擦并改善了泵的运行效率。

还可以得到一些特别的设计,如图9-3所示的中空转子。这种中空转子减少了转子的质量,有助于减少不平衡力和转子振动,延长使用寿命。

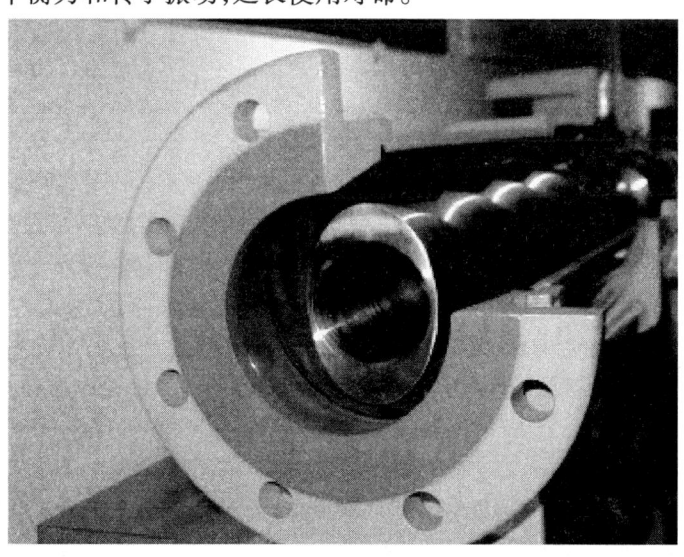

图9-3 中空转子设计

第10章 螺杆泵的启动

螺杆泵的启动是几个月或者几年设计流程、机器或系统的终点，是确定组件、仪器、防护装置的终点，是审阅和审查供货商资格等工作的终点，也是任何泵最易损坏的时刻。这部分介绍了启动前应该遵循的注意事项、评价方法和检查方法，以确保泵系统的所有故障隐患被及时发现，并及时整改。

详细阅读泵的技术手册和指导书，了解泵、传动装置、所有辅助设备的供应，以及这些装置设计的详细技术要求。这是保护泵系统最容易的方法，但是常常被忽略。

一、管线和阀门

首先应该考虑管线和阀门的安装。确保所有需要的阀门已经安装。保证所有阀门没有被装反。缺少一个阀门或者装反单流阀、底阀、安全阀都能够产生非常严重的事故。在施工过程中，应该对管线进行检查，保证焊渣、焊接杆、锈等杂质完全被清除。像这些能使泵损伤的坚硬物体，会在不匹配的泵间隙里堆积。如果没有筛网就应该考虑安装临时或永久性的泵入口筛网，泵应该在一个清洁的环境中启动，以便于杂质的积累能够监控。显然，如果流体中含有固体，就不需要或没有必要使用筛网，但是在清洁的环境中筛网为泵和阀门提供了最经济的保护。

应该对管线系统进行压力检测。避免施加的压力超过系统中任一部件的设计极限。许多泵只有出口一边能够承受出口压力。入口的管线系统通常只适应低压。压力检测介质应该和被检测系统及部件互相兼容。使用低压（即15psig）压缩空气方法检测，就可以发现缺少法兰垫片或其他明显的漏点。

检查并拧紧所有法兰螺栓达到指定扭矩。泵的进口和出口管线的起始点应该离泵大约20ft的距离，以尽量减少管线应变对泵的影响。管线应独立支撑泵，不要进行管线锚定！当管线法兰没有用螺栓固定在泵上时，法兰螺栓应该能够被装上或除去而不必将管线定位。法兰和泵之间应该有一个间隙，其厚度不能超过法兰垫片厚度的两倍，或者1/16in。如果两项都没有实现，那么重新调整管线，直到间隙满足这个技术要求。

容积式泵通常装有一个系统压力安全阀，安全阀安装在从出口管线到输送流体的源头上，如供给罐，或安装在从出口管线到泵入口管线上（由于在安全阀运行过程中可能出现温度升高，而很少安装）。安全阀的额定压力设置通常稍高于系统正常运行时预计的最大压力。如果可能的话，证明安全阀被正确设置。如果不能证明，考虑调整安全阀到一个非常低的压力，然后在泵启动后再调高。参考安全阀厂家的技术资料，保证以正确方向调节安全阀到低压。当输送固体含量高的流体时，安全阀可能不起作用，用一个压力开关停止泵传动，保护泵、驱动装置和整个系统免受过高出口压力产生的负面影响，这可能是一个较好的选择。当处理固体含量高的流体时，破裂（击穿）膜片也是一种有效的过压保护方式。破裂膜片是一次性薄金属膜,当压力超过预定压力时会破裂。薄膜的下端必须通过管线连到一个装置上,该装置能够接收薄膜击穿后流出的流体,直到泵停止。

最好能够彻底冲洗整个管线和阀门系统,除去所有杂质和加工碎屑。通常用一个冲洗泵进行冲洗,不是用系统中的泵。可以的话,在适当位置安装一个筛网或过滤器并且确保它们上面的杂质堆积能够被监视,直到显示24h内没有杂质堆积为止。冲洗通常是用轻质,较热(150℉)流体,以高于系统设计流量进行的。高流量在管线系统内产生高流速,更能够去除碎屑。一些系统使用振动设备来机械振动管线,进一步改善清除杂质的效果。绝大多数管线系统在冲洗后30d还会出现泥石堆积。

在最终启动前,要保证阀门按照要求是开或关。正常情况下,泵的入口和出口阀门都是完全打开的。泵的手动旁通阀门在泵启动时也是打开的。在泵附近出口管线的高点处的空气溢流阀,能够明显改善泵的自充满能力。空气溢流阀在泵启动时一直打开,直到流体流出,然后再关闭。一定要知道流体的直接去处,以避免因不慎造成的溢出或排放到大气中。汽轮机的阀门非常重要。在汽轮机启动过程中应彻底检查阀门,如果不能正确启动或运行,会导致与此有关的人身伤害问题。

二、底座调整和转动

如果泵是水平使用,那么保证底座水平,紧固支撑螺栓,如果用水泥浇灌底板,就要用水泥完全填满(不是空的或无效的),并保证固化。如果泵处理的液体温度在150℉以上,用蒸汽机作为驱动装置,就必须估算热机在高度上的纵向增长量。轴与轴之间的校正(冷却时)要预留用于补偿的偏置,以确保当设备达到运行温度时,轴的定位更近于准确。常规泵外层套管材质的热膨胀系数见表10-1。

表10-1 热膨胀系数

材质	热膨胀系数,in/(in·℉)
铸铁	6.0×10^{-6}
球墨铸铁	6.6×10^{-6}
铸钢	6.5×10^{-6}
316不锈钢	9.4×10^{-6}

使用这些膨胀系数及泵校正时的温度与泵运行时的温度差,对轴的中心线高度进行校正。冷却时机械应该垫高的距离,是表5所示的计算距离。

任何轴定位的目的是相互调整机械轴的中心线,而不是调整挠性连接中心。在运行温度下,校正数(TIR)在总指示读数的0.003in以内,包括角度和平行度。参考好的校正过程,以获得或保证精确度。挠性连接可以有较大的不对正量这和设备的轴与轴之间的校正无关。轴定位的目的是延长机械装置的使用期限和寿命,而不是连接处的寿命。若使用热泵和(或)驱动器,泵在额定温度下运行一段时间后,会产生足够的热膨胀(可能是1h或更多),此时应关闭设备,保证校正在有效限度内。

不能信赖在泵和驱动链已经装配好的情况下进行的校正。运输、吊装、搬运,还有底座的不规则等,都将使定位变差。最终校正应该在泵实际启动之前,几乎在最后一步进行。如果泵在现场安装好,在泵平稳运行几个小时或者几天后,就要进行定位检查。

有时需要使用弹性架以减少振动,将振动传递到下面的基础上。这样的弹性架不能在紧靠着泵或驱动器的下面安装,但可以安装在泵或驱动器底座或支架与基础之间。泵和驱动器必须是刚性定位,不能是弹性定位,因为在传输扭矩的作用下,弹性安装不能保持足够精确的定位。

对大多数设备来说,转动方向是很重要的。通常用箭头标牌指明。记住,有一些传动装置从输入轴到输出轴是反向转动的。大多数发动机和汽轮机一定要按照特定转动方向进行购买,泵也是这样的。标准的交流电动机通常是双向的;它们的旋转方向取决于电源电缆的连接。如果事先无法预见它们的旋转方向,建议在电动机轴柔性连接没有接上的情况下,使电动机瞬间通电(轻轻碰一下,然后迅速断开),以此查看,对驱动设备的其他部分来说,它的旋转方向是否正确。如果不正确,电缆线中的两条线就需要反向连接。如果有必要,在反向连接之后,在重新连接柔性连接之前,再验证转动方向是否正确。

三、润滑

大多数转动机械的传动系统都有某种形式的润滑。它可能很简单,如固定黄油填充,密封滚球轴承,或者很复杂,如独立的润滑油泵系统,由冷却器、过滤器、测试仪表等组成。确保任何需要润滑的地方都做了标记。已经存储很长时间的设备需要排干润滑油然后加入新鲜的润滑油,或者在加入新鲜润滑剂之前要冲洗出防锈剂。任何传动系统(减速驱动轴等)都要检查,确保润滑油的型号和数量正确。对于恒定油位加油器应该用清洁、新鲜、型号正确的润滑油添加到刻度线位置。一些柔性连接如果用黄油润滑,也应该进行检查。很多电动机是黄油密封滚动轴承传动,也需要检查。螺杆泵的偏心连接,如果需要润滑,一般在泵加工厂的车间里用润滑剂或油类充填。

几乎所有的转动泵都应该能够用手转动。它们通常应该能很平滑地转动,不被卡或没有不均匀摩擦。大泵将需要一个助杆来帮助,但是转动也不会很困难。如果不是这样,应该咨询泵经销商。在泵启动之前,可能需要进行局部拆卸以确定转动困难的原因(杂质、锈等)。

四、启动备件

在细心、有计划的情况下,泵启动通常会很顺利,没有明显的问题。然而,为了谨慎起见,在启动时随手携带一些必要的备件,在出现没有预料到的问题时,需要快速地更换,以减小损坏,或需要拆卸设备的一部分进行检查。对螺杆泵来说,通常需要一套轴密封、垫圈、"O"型圈和轴承,通常还需要一套维修工具。对于其他转动设备,备用轴承、润滑剂和油密封、垫圈等应该随手准备,以防延误泵的启动。更多的备件取决于制造商提供的类型、泵运行的临界状态、工厂的实际情况,或者是安装过程中遇到的特殊问题。如果启动顺利,这些备件也不会被浪费,它们可以暂时保存以备将来日常检查和维护时使用。

五、资源

在启动之前,保证电力、蒸汽、冷却水、热油、仪表动力或气体,以及任何其他辅助资源是可用的和准备好的。保证在现场有足够压力表和温度表,以便在启动过程中进行观察。没有仪表,你是盲目工作。如果驱动设备的速度是不固定的,比如交流电机,那么需要一个速度指示器(转速表)。

六、启动前最后的细节

尽可能多地用输送的液体充满泵和入口管线系统是一个很好的经验。在干燥启动时,这将有助于启动,而且减少损伤泵的风险。如果内部输送单元至少是湿润的,旋转泵就会很快启动。泵内从入口到出口充满的只是输送的空气。容积式泵作为空气压缩机的能力与内部某种液体的出现有很大关系。

泵轴密封,尤其是机械密封,绝对不能无润滑运行。即刻或过早的密封失效是不可避免的结果。再一次提醒,用输送液体充满泵,同时用手转动泵几次,有助于液体进入到轴密封机构中带走启动时产生的摩擦热。如果个别泵有密封腔调整孔丝堵,要拔掉丝堵,用输送的液体充满密封腔,再装上丝堵。

随手准备主要经销商售后服务电话、消防队电话、紧急事故医疗机构电话,出现一些事情时会用到。对于某些输送的流体,可能会有一些污染和火灾事故出现。

保证在泵的入口系统有足够的液体供给(不能是半空的供给油罐或类似情况)。同时也要确定排出液体的去处,保证排出口系统已经准备好。

启动时,有大声或不规则的噪音是气蚀的症状(泵进口压力不足)或有气体进入泵的入口系统。并时常伴有轻微振动或过度振动。如果轻微振动,查找故障原因并排除。如果剧烈振动,要把泵关掉,查找问题所在。

使用旋转泵启动检验单或者类似的控制,帮助你确保对所有可能发生的紧急事件都检查到。每一个输送系统都有自己的特征和技术要求,有一些可能会相互影响或者是与整个系统运行的其他方面相互影响。另外,不允许调整技术要求、专用的行业标准或公司的准则或类似的标准。在评估运行价值的时候,可以在缺少供货商或特殊工程信息的情况下使用这些标准。通常情况下还是使用这里推荐的或经销商、设计师提供的更为准确的准则。

七、旋转泵启动检验单

工程:＿＿＿＿＿＿＿＿ 地点:＿＿＿＿＿＿＿＿ 单元号码:＿＿＿＿＿＿＿＿
标签号码:＿＿＿＿＿＿＿＿＿＿

1. 管线
☐清洁
☐螺栓紧固
☐应变释放
☐垫圈位置
☐压力检验
☐冲洗
☐其他＿＿＿＿＿＿＿＿＿＿

2. 阀门
☐没有反向

□清洁

□螺栓紧固

□垫圈位置

□校正位置(开/关)

□安全阀设定压力

□其他＿＿＿＿＿＿＿＿＿＿

3. 底座

□水平

□牢固(无空位)

□螺栓紧固

□其他＿＿＿＿＿＿＿＿＿＿

4. 定位

□角度(冷或热)

□平行度(冷或热)

□其他＿＿＿＿＿＿＿＿＿＿

5. 转动

□检查(顺时针或逆时针)

□其他＿＿＿＿＿＿＿＿＿＿

6. 润滑

□泵

□驱动装置

□轴承

□其他＿＿＿＿＿＿＿＿＿＿

7. 可用的备件

□泵

□驱动装置

□轴承

□其他＿＿＿＿＿＿＿＿＿＿

8. 可用的资源

□电

□蒸汽

□冷却水

□热油

□辅助装置

□现场的仪表

□其他＿＿＿＿＿＿＿＿＿＿

9. 最后细节

□用液体充满泵

□轴密封湿润
□重要联系电话
□入口流体供给
□排出系统准备好
□空气溢流阀打开
□用手旋转泵
□其他_____

10. 公司或工厂的特殊说明

□_____
□_____
□_____
□_____

第 11 章　螺杆泵维修指南

进行螺杆泵维修,要具有专业基础知识,而且能够清楚掌握各种可能性和信息,不管在泵的制造商工厂、室内或者第三方维修(专业的或者非专业的)都应该这样。

由泵的制造商(初始设备制造厂家)进行维修有很多明显的优点,他们不仅有办法掌握初始零件设计、尺寸、公差数据、材料特性以及在制造泵方面的经验,而且他们通常还有完整的检测设备。有时新泵的使用许可证可以从泵的初始制造厂家那里得到,还能更新和使之更先进。

第三方维修通常是比较便宜的,至少在成本上很低,但是很少有保修单,几乎不会包括任何有意义的检测,价格便宜但可靠性不能保证。

如果一些室内技术和经验可用,而且设备和人员许可,室内维修是一个很好的选择。不幸的是,最近随着许多公司开始"裁员",维修人员经常第一个离开,由此产生的室内技术知识以及历史资料流失,时常导致维修只是快速的拆解和安装。

如果公司或工厂对维修提出特殊或独特的技术要求(如清洁要求或者检验流体的适应性),在进行之前要保证它们以书面形式写出来。如果希望或需要进行故障排查、失效分析,或者其他服务,在维修开始之前也要清楚地写出来。

不管在哪里进行维修,遵循的基本步骤是相似的。需要维修的泵在交给维修工厂时要尽可能清洁,同时要提供泵内残留流体的材料安全数据表(MSDS)。基本的维修步骤包括(供选择):

(1)接收情况报告(外部损伤、缺少零件、附加零件等)。
(2)检查材料安全数据表,保证正确处理泵内残留物质。
(3)拆解泵。
(4)通过清洗泵的部件,进行检查。
(5)检查每一个部件,确定该部件是否需要:
①报废(经常是弹性体和垫圈,通常是滚动轴承,有时是机械密封,除非还有修复的价值一般都报废)。
②改造(再加工、电镀、刮削、抛光、焊接装配等)。
③再利用。
旋转泵检查报告见表 11-1。
(6)形成一个关于上述部件状况及处理意见的书面检查报告。这个报告应该包括维修价格,并说明包括什么,不包括什么(喷漆、监测、特殊的防腐处理等)。

如果要编制保证书或故障检修报告,要确保对所有零件,不论什么状态,都要做出全面的评估。

如果同类新泵仍继续生产,应将维修成本与新泵的成本进行比较。许多成品泵大批量生产,销售价格与同期的维修泵价格相同。

表 11 – 1　旋转泵检查报告表

拥有人：_____　　型号：_____
序号：_____　　材料安全数据表：_____ 有 _____ 无
接收状况：_____
_____

零件证号	数量	零件号	零件名称	推荐处理结果 – 选择一项			价格
				报废	再利用	改造和说明	

检查人：　　　　　　　　　　　　　　　　　小计_____
日期：　　　　　　　　　　　　　　　　　　组装/检测_____
结论：　　　　　　　　　　　　　　　　　　其他_____
　　　　　　　　　　　　　　　　　　　　　其他_____
　　　　　　　　　　　　　　　　　　　　　合计_____

　　承担维修费用的当事人应该阅读评价报告,并根据报告里的成本、时间、临界状态等,或者对报告中明显的问题提出异议,或者授权维修。注意,时间成本通常决定有问题或磨损的零件是否可以再利用。根据经济效益或时间要求,维修工作应该特别提到维修后的新泵应该达到什么样的性能(或者少一些性能)。加油或卸油泵的流量对于日常运行来说可以不是非常严格,然而对于气密封、机械润滑或加工处理等,泵的容积可能会很关键。如果希望维修后的泵与新泵相比少一些性能,那么在维修之前,要对最小流量达成一致意见。

　　如果需要焊接或修补,要确保焊接工艺和焊接工有相应的资质。电镀和喷漆工艺通常是比较敏感的技术,在应用之后,可能需要进行一些非破坏性的检测,以确定工件是否修好。

　　不是所有的泵修复之后都要进行检测。如果需要,要在预定报告中进行详述。检验范围从用手转动泵轴,到流体静力学检测和旋转检测,以及类似在新泵上进行的全质量检测。如果希望维修后的泵的流量达到新泵的流量,也要进行说明。如果维修后的泵安装和运行在原位置,则不需要特殊的防腐处理和封装。相反,如果维修泵需要存储,必须要求进行内部防腐处理和坚固包装。如果泵的外部是铸铁、钢,或其他易生锈的材料,则还需要进行喷漆处理。

结　束　语

在本书里,我们已经讲述了螺杆泵家族的几何机械特性,包括地面螺杆泵(PCs)、井下螺杆泵（DHPs)、螺杆钻具（DHMs)。用基本的几何学和最少的数学公式,揭开了这些机械三维形状的复杂性和神秘感,并得到了更好的理解。在实用方面,如故障排查技术、应用准则和安装实例也都包含在内。相关读者,如学生、实习工程师或设备使用者,应该发现这本书对于他或她的关于地面螺杆泵、井下螺杆泵、螺杆钻具方面的工作是一个很好的参考。它还有助于读者在化工厂、石化厂、纸浆厂和造纸厂、污水处理厂以及许多其他工厂的实际应用中能够更好的理解、选择和应用这些类型的泵。正确地利用这些设备的性能和多用性以及正确地评价它们的局限性,将有助于改善这些设备的可靠性和使用寿命,提供一个很好的经济评价,而且有助于正确选择所需泵的大小、速度、流量、扭矩,以及基于实际运行条件的动力需求。对泵的选择和尺寸设计也做了介绍。

参 考 文 献

1. Hydraulic Institute Pump Standards, ANSI/HI 1.1 – 1.5, 1994
2. Dresser Company Publication Catalog, Security Downhole Motor Services Operations Handbook, Houston, TX, November 1992
3. H. Cholet, "Progressing Cavity Pumps," Editions Technip, Paris, 1997
4. L. Nelik, "Centrifugal and Rotary Pumps: Fundamentals, Comparisons and Applications." Short Course, ASME Professional Development Program, Pittsburgh, PA, June 1998
5. L. Nelik, "Positive Displacement Pumps," Short Course, 15th International Pump Users Symposium, Texas A&M University, Houston, TX, March 2000
6. L. Nelik, "Pumps," in Kirk – Othmer Encyclopedia of Chemical Technology, 4th Ed., Volume 20. New York: John Wiley & Sons, Inc., 1996
7. R. Samuel and K. Saveth, Progressing Cavity Pump (PCP): New Performance Equations for Optimal Design. Richardson, TX: Society of Petroleum Engineers, 1996
8. M. Delpassand, "Progressing Cavity Pump Design Optimization for Abrasive Applications," Artificial Lift, July 1997
9. G. Vetter and W. Wirth, "Understanding Progressing Cavity Pumps Characteristics and Avoid Abrasive Wear," paper presented at the Texas A&M University 12th International Pump Users Symposium, March 1995
10. D. Baldenko, F. Baldenko, and A. Shmidt, "Screw Downhole Motors: New Designs and Control Methods," Downhole Drilling (in Russian), 1997

术语和略语

c_m——小直径的径向尺寸,in;

c_j——大直径的径向尺寸,in;

d, D——结构圆的直径;dr—转子直径,in;Ds—定子直径,in;

d_m——转子小直径,in;

d_j——转子大直径,in;

D_m——定子小直径,in;

D_j——定子大直径,in;

e——偏心距(转子和定子中心之间的距离;也是滚圆的半径);

P_f——流体马力,hp;

P_b——制动马力,hp;

PCP——地面螺杆泵;

DHP——井下螺杆泵;

DHM——井下螺杆钻具;

N_r:N_s——螺纹比;

NPSHa——净正有效吸入压头,ft;

NPSHr——需要的净正吸入压头,ft;

N_r——转子螺纹数;

N_s——定子螺纹数;

P_r——转子螺距,in;

P_s——定子螺距,in;

$v_转$——输入轴转动速度,min;

v_n——转子中心围绕定子中心的"章动"速度,r/min;

Q——运行载荷下的总流量,gal/min;

Q_o——流经工作通道的流量(不是漏失通道),在空载情况下,当 $\Delta p = 0$ 时,$Q = Q$;

Q_{slip}——漏失量,gal/min;

q——运行载荷下的单位流量,gal/r;

q_o——空载下的单位流量,gal/r;

π——3.14;

v——体积(腔室),in^3;

v——速度,ft/s;

A_f——定子空隙与转子金属之间横截面的净开量,in^3;

t_{mo}——冷却之前定子小直径处的弹性体厚度,in;

t_{jo}——冷却之前定子大直径处的弹性体厚度,in;
t_m——字子小直径处的弹性体最终(测量)厚度,in;
t_j——字子大直径处的弹性体最终(测量)厚度,in;
Δm——小直径处的绝对收缩量,in;
Δj——大直径处的绝对收缩量,in;
S_m——小直径处的相对收缩量,in/(in·℉);
S_j——大直径处的相对收缩量,in/(in·℉);
T——运行条件下的扭矩,ft×lbs;
p_d——排出口(出口)压力,psig;
p_s——吸入口(入口)压力,psig;
Δp——压差,psi;
ε_m——小直径处的热膨胀系数,in/(in·℉);
ε_j——大直径处的热膨胀系数,in/(in·℉);
η_{vol}——容积效率;
η——总(净)效率。

单位换算表

序号	换算公式
1	1 in = 25.4mm
2	1hp = 745.7W
3	1ft = 0.3048m
4	1gal = 4.456L
5	$1\text{in}^3 = 16.387\text{cm}^3$
6	1ft × 1bs = 1.356N·m
7	1psi = 0.006895 MPa
8	$1\text{cSt} = 1 \times 10^{-6}\text{m}^2/\text{s}$
9	1cP = 1mPa·s
10	$\dfrac{t_F}{°F} = \dfrac{9}{5} \cdot \dfrac{t}{°C} + 32$

国外油气勘探开发新进展丛书（一）

书号：3592
定价：56.00 元

书号：3663
定价：120.00 元

书号：3700
定价：110.00 元

书号：3718
定价：145.00 元

书号：3722
定价：90.00 元

国外油气勘探开发新进展丛书（二）

书号：4217
定价：96.00 元

书号：4226
定价：60.00 元

书号：4352
定价：32.00 元

书号：4334
定价：115.00元

书号：4297
定价：28.00元

国外油气勘探开发新进展丛书（三）

书号：4539
定价：120.00元

书号：4725
定价：88.00元

书号：4707
定价：60.00元

书号：4681
定价：48.00元

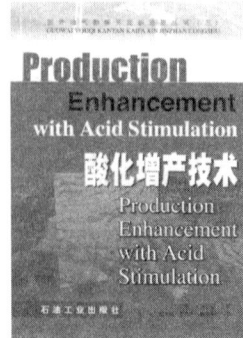

书号：4689
定价：50.00元

书号：4764
定价：78.00元

国外油气勘探开发新进展丛书（四）

书号：5554
定价：78.00元

书号：5429
定价：35.00元

书号：5599
定价：98.00元

书号：5702
定价：120.00元

书号：5676
定价：48.00元

书号：5750
定价：68.00元

国外油气勘探开发新进展丛书（五）

书号：6449
定价：52.00元

书号：5929
定价：70.00元

书号：6471
定价：128.00元

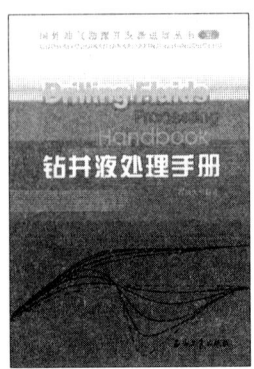

书号：6402
定价：96.00元

书号：6309
定价：185.00元

书号：6718
定价：150.00元